U0179897

本书受到东北电力大学博士科研启动基金项目“跨国城市气候网络的作用研究”
（项目编号：BSJXM—2021238）的资助

全球地方主义视角下的
跨国城市气候网络研究

A RESEARCH ON TRANSNATIONAL MUNICIPAL CLIMATE NETWORKS FROM THE VIEWPOINT OF GLOCALISM

蒋欣桐 著

社会科学文献出版社
SOCIAL SCIENCES ACADEMIC PRESS (CHINA)

目　录

绪　论

一　研究主题的选定

（一）选题背景

当今多中心的全球气候治理已成为发展趋势。单独依靠国际气候条约体系无法达成气候治理既定目标和理想效果的观点不仅在学者间成为共识，而且在实践中也不断地得到证明。非国家行为体[①]通过自发的气候行动参与到全球气候治理当中已经具有很长的历史了。但是多中心气候治理在不断扩张的同时，又缺少了必要的内聚力。可以说，多中心气候治理机制的发展仍然有很大的提升空间。若想促进多中心气候治理更为有序和高效的运行，以下几个问题亟须思考和回答。其一，应对气候变化问题究竟需要一种怎样的治理？其二，全球气候治理中各种治理主体的发展情况如何？其三，这些不同治理行为体和治理机制的治理特色和优势分别是什么？其四，这些治理行为体和治理机制之间关系的现实状况和发展走向是什么？是相互独立、相互替代还是相互补充？

随着非国家行为体的日益兴起，它们在多中心的气候治理中发挥着越来越重要的作用，甚至在一定程度上为国际气候条约体系的

① 非国家行为体不仅包括市民社会和社会运动，还包括经济行为体和次国家行为体。这一定义与联合国经济与社会理事会对具有咨询地位的观察员的认定相一致。参见 Karin Bäckstrand et al.，“Non-state Actors in Global Climate Governance：From Copenhagen to Paris and Beyond”，*Environmental Politics*，Vol. 26，No. 4，2017，p. 562。

转型提供了现实基础：使其逐步弱化了以法律强制力来实现预期目标的强硬立场，采用以国家自主贡献为核心机制的治理方式；接受应对气候变化中的不确定性，将适应气候变化视为与减缓气候变化同等重要的内容；将单独承担治理责任转化为各种行为体责任共担，更加注重通过能力建设的方式来推进气候治理的进展。国际气候条约的转型得益于非国家行为体的兴起和发展，反过来又为它们发挥更大的作用提供了空间和契机。

鉴于国际气候条约体系转型所留下的治理缺口及其所显示出的开放性和合作性，气候治理中的各种治理机制之间逐渐形成了一种混合机制复合体，其中包括各种国际的、政府的、公私混合的、私人的、正式的和非正式的机制。这些机制的构成、主张和权威虽然不无重叠的部分，但却越来越朝着功能分化乃至有序互动的方向发展。学界的研究重点也日益从针对单一机制的研究转向了对机制间关系的研究。

气候治理的混合机制复合体中存在着非正式的等级制度，国际气候条约体系无疑在混合机制复合体中扮演着主导性机制的角色，这保障了混合机制复合体不是分散化的而是具有聚合性。此外，这还有利于机制之间的协调和治理任务的分配，同时弱化机制之间可能的竞争和冲突。其他的治理机制如果想在混合机制复合体中获得良好的发展空间和前景，既需要通过自身的客观实践来明确其行动方向和治理优势，同时也需要其他治理机制，尤其是国际气候条约体系的主观辨认，以形成优势互补，促成机制合作。

针对全球气候治理中的不同治理主体的研究，已经不能仅仅局限于对其自身发生、发展和走向的研究，在对其做出评价之时也不应从结果的视角追问其治理作用是否较之其他行为体或机制更为有效，而是应该将其置于全球气候治理的体系当中，以应对气候变化问题究竟需要什么样的治理为出发点，从过程的视角探索不同的行为体及其构成的治理机制能够如何完善全球气候治理当前呈现出的弊端和不足。促进全球气候治理改革与完善不能仅仅依靠国际气候条约体系或其他任何一个单一的治理机制，而是需要所有行为体的共同行动以及不同治理机制之间的有效配合。总之，全球气候治理中的每个行为体都非常重要，每种治理机制都有其特殊的价值，我们应更新看待和认识它们的视角。

（二）研究主题

城市是积极参与全球治理的众多行为体之一。在国际关系研究领域，平行外交和全球城市等理论的出现显示了城市在国际舞台上所扮演的重要角色。进入21世纪之后，城市的作用更加受到重视和强调，以至于有学者称21世纪为城市世纪。[①] 在全球治理研究领域，2013年巴伯在《如果市长治理世界》一书中，更是畅想和论述了城市作为全球治理主要行为体的可能性和优势。[②] 此外，全球地方化（glocalization）[③] 和跨地方（translocal）[④] 等新词也被学者们创造出来，来探析全球与地方之间的关系以及地方之间的联系。

在全球气候治理中，城市正扮演着越来越重要的角色，其作用也不断地得到肯定。2010年第16届联合国气候变化大会（坎昆）上，地方政府被正式承认为政府性利益攸关方。2015年第21届联合国气候变化大会（巴黎）通过的COP 21决议正式提出欢迎包括城市在内的非缔约方利益攸关方努力处理和应对气候变化。在美国宣布退出《巴黎协定》后，美国气候联盟宣布成立，旨在继续实现美国当年的承诺，显示了地方政府的治理对于国家政策变动的负面影响

---

① Neal R. Peirce and Curtis W. Johnson, *Century of the City: No Time to Lose*, New York: Rockefeller Foundation, 2009.

② Benjamin R. Barber, *If Mayors Ruled the World: Dysfunctional Nations, Rising Cities*, New Haven & London: Yale University Press, 2013.

③ Victor Roudometof, *Glocalization: A Critical Introduction*, London and New York: Routledge, 2016.

④ Taedong Lee, *Global Cities and Climate Change: The Translocal Relations of Environmental Governance*, London and New York: Routledge, 2015.

所起到的缓冲作用。城市的气候行动也由此受到了国际社会越来越多的关注。2022 年联合国政府间气候变化专门委员会（IPCC）在发布的报告中指出，全球范围的城市化趋势为促进气候适应性发展提供了关键机遇。[①]

在实践中，城市作为次国家政府，常常以结成跨国城市网络（Transnational Municipal Networks，TMNs）的方式参与全球治理。而跨国城市气候网络在不同领域的跨国城市网络中数量最多、发展最为突出。以 C40 城市气候领导联盟（以下简称“C40”）为代表的跨国城市气候网络已经日益显示出了其独立于国际气候条约体系的治理能力，由此成为全球气候治理中不可忽视的治理机制。自 1986 年欧洲第一个跨国城市气候网络“欧洲城市网络”（Eurocities）成立以来，在 30 多年的发展历史中，跨国城市气候网络的数量不断增多，类型日益多样。不同的跨国城市气候网络之间共享成员、开放交流、相互支持、密切合作。成立于不同时期的跨国城市气候网络为了适应当时的外在环境和内在条件往往具有不同的具体目标和侧重，这为它们带来了功能上的互补性，使之可以通过协作与配合共同推动跨国城市气候网络的整体发展。由此可见，不同的跨国城市气候网络之间既是彼此独立又是相互成就的。与此同时，不论治理策略和组织形式如何多样，跨国城市气候网络都有着共同的治理议题、成员类型和治理路径。因此，对于跨国城市气候网络的研究，不仅应该进行单一的案例研究，还应该基于跨国城市气候网络的共同属性对其进行整体的把握。需要注意的是，虽然跨国城市气候网络已经日益发展成熟，但是其成就和局限并存，犹如一枚硬币的正反面，其与国际气候条约体系一样，都需要通过与其他的治理主体展开积极的合作来共同推进全球气候治理的发展。

① IPCC，“Climate Change 2022：Impacts，Adaptation and Vulnerability – Summary for Policymakers”，p. 12，https://report. ipcc. ch/ar6wg2/pdf/IPCC_AR6_WGII_SummaryForPolicymakers. pdf.

本书以跨国城市气候网络为研究主题。跨国城市气候网络的特点表现为其在根植于地方情境的同时又具有全球视野和目标，推动了地方政府超越地方议程，并为地方政府提供了发挥全球影响力的途径，使得全球气候治理中的地方治理层次得以清晰地呈现出来，并与由主权国家构成的国际气候条约体系一同构成了全球多层气候治理机制。评估全球气候治理中各种治理主体的作用不应该遵循单一和固定的标准，而是应对其各自具有的功能属性和能力优势予以区别。与此同时，跨国城市气候网络并不是孤立存在和自行发展的，而是与其他治理机制处于持续的互动之中。全球气候治理的实质性和革新性进展正是有赖于各种治理机制在长期治理过程中的有效协作，而不是依靠各个治理行为体将各自取得的治理成效进行即时性的优劣比较和简单叠加。本书研究的核心问题是跨国城市气候网络在全球气候治理中起到了什么样的作用？对此，本书将以跨国城市气候网络的地方机制属性作为切入点，以全球地方主义治理为分析框架，从分析气候变化问题的全球地方性出发，基于对气候变化问题需要什么样的治理这一问题的回答以及对跨国城市气候网络发展情况的梳理，揭示跨国城市气候网络如何通过发挥自身的治理优势和特色推动全球气候治理的发展和完善。

（三）选题意义

1. 理论意义

本书提出的全球地方主义对于在全球治理研究中超越以国家为中心的分析框架，多层次和立体化地分析全球议题以及打破国内治理和全球治理之间的界限具有一定的理论意义。本书将社会学中的全球地方化思想及其理论化成果引入到全球治理研究中来，结合全球治理中对于全球地方化的既有研究与应用，阐述了全球治理研究领域中全球地方化、全球地方性和全球地方主义的概念内涵。其中，全球地方化描述了全球化世界的客观现实，全球地方性描述了全球公共事务的性质，而全球地方主义则为治理全球公共事务提供了政策启示。文中提出的从全球地方性到全球地方主义的分析框架也可以为具体评估在各种议题领域中地方机制所发挥的作用提供借鉴和启示。

2. 现实意义

第一，本书对跨国城市气候网络发展进程的研究可以为中国城市未来的相关政策选择提供必要的信息。本书选取在跨国城市气候网络不同发展阶段具有代表性的全球性跨国城市气候网络作为主要考察对象，揭示了网络发展的逻辑与趋势，便于我们对全球性跨国城市气候网络进行整体性的认识和把握，并据此做出前瞻性的预测。第二，本书对于跨国城市气候网络在全球气候治理中作用的研究可以为未来联合国气候变化大会认识和协调各种气候治理机制提供政策启示。本书在全球地方主义的框架下探究跨国城市气候网络的作用，突出了其作为地方机制的治理特色和优势，而这可以从多方面弥补国际气候条约体系的不足之处。因此，本书的研究可以为未来全球多层气候治理的相关政策和制度设计提供参考。

二　既有研究的回顾

（一）关于全球地方化

在英语中，glocalization 是由 global 和 localization 两个词结合而来。根据《牛津高阶英汉双解词典》，glocalization 的释义为使世界各地的产品或服务适合本地需求。[①] glocalization 的常见中文译名包括“全球地方化”“全球本土化”“全球在地化”“在地全球化”“球土化”“全球地域化”等。[②] 对于“全球地方化”概念的起源，一般说法认为它源于日语“dochakuka”一词，意为因地制宜的农业

① 《牛津高阶英汉双解词典》，商务印书馆，2009，第 866 页。

② 本书在正文中将其统一为“全球地方化”。

原则，到 20 世纪 80 年代成为日本商界重要的专业术语，指从全球的视野出发适应地方条件。[①] 总体而言，该词在战略层面体现了“全球性思考，地方性行动”（Think Globally，Act Locally）的理念。后来，全球地方化作为一种新的理论和思潮被引入文化学、翻译学、城市学、社会学、教育学等众多领域乃至跨学科的研究之中。[②] 例如在文化传播领域，“全球地方化”是指使用“文化友好”的媒体进行宣传报道，提高外国产品在本地居民中的认可度。[③] 在众多学科的研究中，社会学应用全球地方化的概念对全球化进行了相关研究，对研究全球治理具有重要的启示意义。

1. 全球地方化在社会学中的研究

20 世纪 90 年代初，罗兰·罗伯森（Roland Robertson）认为全球地方化一词恰当地概括了 20 世纪后期现实世界中全球因素与地方因素相互结合的现象，由此将其引入社会学领域。[④] 他指出，全球化的主要动态包含普遍性的特殊化和特殊性的普遍化这一双重过程，并主张用全球地方化的概念来代替全球化的概念，以改变全球化强调同质性的倾向，体现出其同质性和异质性并存的特征。[⑤] 全球地方化还包含了将地方因素与全球因素联系起来的战略性尝试，这种尝试是基于这样一种设想：地方性问题，只有通过承认它们埋置在大得多的背景之中，才能有效地加以处理。与此同时，它似乎表明，

---

① Mike Featherstone，Scott Lash and Roland Robertson，eds.，*Global Modernities*，London：Sage，1995，pp. 25 – 44；周利敏：《“全球地域化”思想及对区域发展的意义》，《人文地理》2011 年第 1 期，第 24 ~ 48 页。

② Victor Roudometof，“Mapping the Glocal Turn：Literature Streams，Scholarship Clusters and Debates”，*Glocalism：Journal of Culture，Politics and Innovation*，Vol. 3，No. 1，2015，pp. 1 – 21.

③ 《什么是“全球本土化”?》，中国日报网，http://www.chinadaily.com.cn/interface/yidian/1139302/2016 – 10 – 20/cd_27121044.html。

④ Roland Robertson，*Globalization：Social Theory and Global Culture*，London：Sage，1992.

⑤ Roland Robertson，*Globalization：Social Theory and Global Culture*，London：Sage，1992；Mike Featherstone，Scott Lash and Roland Robertson，eds.，*Global Modernities*，London：Sage，1995，pp. 25 – 44.

只有在地方层面上，“社会问题”才能得到适当处理。[①] 在后续的研究中，罗伯森又进一步明确说明，全球地方化是指各种现象从一个地方到另一个地方的传播、流动或扩散必须适应其所至的新地方的过程。[②] 罗伯森的全球地方化思想引起了中国学者的关注，陈重成、周利敏、曾春满等学者都对这一概念进行了深入的解读，这为后续的研究做了重要的铺垫。[③] 与此同时，这一概念也被应用于许多领域的具体研究之中，如城市学[④]、传播学[⑤]、翻译学[⑥]、管理学[⑦]和经济全球化研究[⑧]等。

但是社会学对全球地方化的理解并不具有一致性。例如，另一位社会学家乔治·瑞泽尔（George Ritzer）就将全球地方化理解为全球化与地方化之间互动的一种具体结果。他认为全球化的各种因素是否会压倒地方性因素，要取决于在特定地方中的全球化力量与反全球化的力量之间的具体关系。在反全球化力量弱小的地方，全球化力量可能成功地实施，但是在反全球化的力量很强大的地方，更可能出现全球地方化形式，并把全球因素与地方因素独特地融合在

① 罗兰·罗伯森：《全球化：社会理论和全球文化》，梁光严译，上海人民出版社，2000。

② Gili S. Drori, Markus A. Höllerer and Peter Walgenbach, eds., *Global Themes and Local Variations in Organization and Management: Perspectives on Glocalization*, New York: Routledge, 2013, pp. 25 – 36.

③ 陈重成：《全球化语境下的本土化论述形式：建构多元地方感的彩虹文化》，台湾《远景基金会季刊》2010 年第 4 期，第 43 ~ 96 页；周利敏：《“全球地域化”思想及对区域发展的意义》，《人文地理》2011 年第 1 期，第 24 ~ 28 页；曾春满：《全球在地化与地方治理发展模式：浙江台州个案研究》，台湾致知学术出版社，2013。

④ 参见宋道雷《“全球地方化”及其悖论：城市空间面临的治理和文化挑战》，《山东大学学报》（哲学社会科学版）2020 年第 2 期，第 1 ~ 9 页。

⑤ 参见欧阳宏生、梁英《混合与重构：媒介文化的“球土化”》，《现代传播》2005 年第 2 期，第 6 ~ 9 页；单波、姜可雨《“全球本土化”的跨文化悖论及其解决路径》，《新疆师范大学学报》（哲学社会科学版）2013 年第 1 期，第 41 ~ 48 页。

⑥ 参见孙艺风《文化翻译与全球本土化》，《中国翻译》2008 年第 1 期，第 5 ~ 11 页。

⑦ 参见何斌、郑弘、李思莹、魏新《情境管理：从全球本土到跨文化本土》，《华东经济管理》2012 年第 7 期，第 88 ~ 91 页。

⑧ 参见陈彩虹《“全球地方化”：经济全球化的另一种趋势》，《中国新时代》2006 年第 8 期，第 26 页。

一起。例如，麦当劳会在不同的地方调整自己的菜单。总之，全球地方化概念认为个人与地方群体具有适应、创新、灵活应变的强大能力，因地制宜地使全球化过程地方化，强调全球化与地方化之间的融合及其导致的异质性。[①]

社会学家维克托·鲁多梅索（Victor Roudometof）在总结前人思想的基础上，对全球地方化进行了理论化的尝试。他将各种全球化浪潮和地方透镜分别比喻为“光波”和“玻璃”，认为全球地方化是指地方因素对全球化产生的折射作用。以全球地方化为视角，全球因素和地方因素共同对结果产生影响。地方因素不仅没有被全球化摧毁或吸收，而且可能会产生、抵制或改变全球影响。地方抵御全球因素不利影响的能力被称作厚度（thickness）。厚度可能是文化、制度、政治或军事上的。[②] 鲁多梅索还指出，不能将地方因素与地方主义（localism）相混淆。此外，他提倡从地域（place）而非空间（space）的角度界定地方，而地方化（localization）指的就是塑造地域性的过程。这样一来，全球地方化就与全球化和地方化都区分开来，成了一个具有自主性的概念。[③] 此外，鉴于全球地方化在实际应用中所蕴含的多重含义，鲁多梅索对作为一种过程的全球地方化、作为一种结果的全球地方性（glocality）和作为一种策略的全球地方主义（glocalism）进行了区分和说明。其中，全球地方性指的是不同的地方都会对全球因素进行不同解码所最终导致的全球范围内的差异性结果。例如，各地不同的电视台会以不同的视角报道奥运会。而全球地方主义认为，各种社会弊病、问题和当代挑战都应通过有效调和全球因素和地方因素来发现和应对，这对公共政策的制定具

① 〔美〕乔治·瑞泽尔：《汉堡统治世界?! 社会的麦当劳化》，姚伟等译，中国人民大学出版社，2013。

② Victor Roudometof, “Theorizing Glocalization: Three Interpretations”, *European Journal of Social Theory*, Vol. 19, No. 3, 2015, pp. 1 – 18.

③ Victor Roudometof, “Recovering the Local: From Glocalization to Localization”, *Current Sociology*, 2018, pp. 1 – 17.

有指导意义。[①]

2. 全球地方化在全球治理中的应用

近年来，全球地方化一词已经开始出现在全球治理研究中，虽然它在不同文献中的具体语境下往往具有不同的含义，但总体而言与气候治理领域、多层次治理理念和城市行为体联系紧密。有学者使用“全球地方的”（glocal）来描述气候现象结合了全球性质和地方性质的特征，并据此认为应对气候变化唯一合适的办法就是进行多层次治理。[②] 此外，欧盟委员会官方网站上指出，“全球地方化治理”（glocalisation of governance）的趋势日益明显，即全球标准和规则需要适应于地方的具体情况，而地方发展也会产生全球规则。[③]这正是欧盟多层治理思想和实践发展的体现，也指出了全球层次治理与地方层次治理之间互动的双向过程。政治学家本杰明·R. 巴伯认为，城市兼具地方性和全球性，因而是全球地方性的。城市能够通过参与城市间合作和全球市长议会来获得全球性权力，同时又能通过让市民参与地方事务来弥合参与和权力之间的鸿沟。城市据此应享有特殊的规范性地位。如果市长治理世界，那么超过 35 亿人就可以在参与当地事务的同时在全球范围内进行合作——这是一个市政全球地方性的奇迹，能够带来实用主义而非政治辩论，技术创新而非意识形态，解决方案而非主权观念。[④] 与此相似，陈冠雄（Dan Koon-hong Chan）将“全球地方的治理”（glocal governance）解释为以城市为载体将市民与全球公共政策联系起来的政治安排或纵向纽带，这种治理方式通过大众控制（popular control）使政治进程得以

---

① Victor Roudometof, *Glocalization: A Critical Introduction*, London and New York: Routledge, 2016.

② Joyeeta Gupta et al., “Climate Change: A ‘Glocal’ Problem Requiring ‘Glocal’ Action,” *Journal of Integrative Environmental Sciences*, Vol. 4, No. 3, 2007, pp. 139 – 148.

③ 参见欧盟委员会网站，https://ec.europa.eu/knowledge4policy/foresight/topic/increasing-influence-new-governing-systems/glocalisation-governance_en。

④ Benjamin R. Barber, *If Mayors Ruled the World: Dysfunctional Nations, Rising Cities*, New Haven & London: Yale University Press, 2013.

扩大，超越了领土边界造成的民主门槛，进而提高了全球治理的问责性、透明度和合法性，推进了世界性民主。该学者还通过 C40 的案例对此进行了解释说明。[①]

这些对全球地方化零散性的应用表明，“全球地方化”的思想在全球治理中仍未受到重视，即全球化与地方化之间的关系本身始终未能被当作研究对象得到详尽探讨。全球治理研究对地方化一直倾向于采取一种忽视的态度，而全球化仍常常被视为对地方生活方式进行简单消解的一种压倒性力量，这导致对全球治理的研究往往聚焦于全球层面。尤其是国际关系学者倾向于采用一种含蓄的还原主义视角来看待地方与全球之间的关系，迫使它们进入一个以国家为中心的战略互动框架。[②] 而借鉴社会学中在全球化方面的相关研究来尝试弥补这一空白，有助于对全球化与地方化之间互动的这一全球治理新的本体论核心进行深入挖掘，从而为全球治理提供有益的启示。

（二）关于气候变化问题的性质及相应治理方式

1. 气候变化问题的多层性与多层次治理

气候变化问题的多层性和多层次治理的必要性得到了许多学者的论述和提及。如乔耶特·古普塔（Joyeeta Gupta）等认为，气候变化是一个全球地方的问题（glocal problem），需要全球地方的治理。气候变化在全球层面、区域层面、国家层面和地方层面都具有不同的成因、影响和对策。治理不应该寻求最合适的层次，而是应该探索如何在不同层次同时有效地制定政策。作者设想了三种理想的政策互动模式：“自上而下”的模式、“自下而上”的模式和探索性模

---

① Dan Koon-hong Chan, “City Diplomacy and ‘Glocal’ Governance: Revitalizing Cosmopolitan Democracy”, *Innovation: The European Journal of Social Science Research*, Vol. 29, No. 2, 2016, pp. 134 – 160.

② Olivier Charnoz et al., *Local Politics, Global Impacts: Steps to a Multi – disciplinary Analysis of Scales*, London and New York: Routledge, 2016.

式。在探索性模式中，各个层次的政策过程都寻求各自的空间和均衡。古普塔认为，为了全面理解气候政策，理解各个层次的政策过程并理解它们是如何相互影响的至关重要。国家和国际政策往往是共生的，但是地方政策具有不同的驱动力和不同的政策维度。它们的目标不仅仅是执行国家政策，它们可能会比国家目标更进一步，可能会补充国家政策，也可能会违背国家政策。地方政策是“民主的实验室”，可以通过探索自身可能的政策措施逐步影响国家层次的政策。在国家不愿意参与全球气候治理进程的情况下，探索地方层次可能采取的措施会非常有帮助。总之，探索如何在不同的政策层次上解决气候变化等全球问题具有很大的发展前景。[①]

奥兰·扬也认为，气候变化就是一个典型的多层次问题。地球上任何地方发生的人类行为都会增加大气层中温室气体的浓度，进而加剧全球范围内的气候变化。反过来，气候变化也将影响世界各地人民的福祉，尽管影响的性质和强弱取决于各种各样的生物物理和社会经济因素。气候变化等全球性问题需要全球性的应对机制，也就是所谓的“多边环境协议”，如《联合国气候变化框架公约》(UNFCCC)。[②] 但是，其解决问题的能力大部分由它们对致力于相同问题、“自下而上”的各种安排的补充程度决定。鉴于有问题的行为还将受到价值观和地方制度安排的影响，我们显然需要更系统地考虑按照不同社会尺度运行的制度之间的制度性联系和相互作用。而有效性就是把运行于同一问题领域、从上而下和由下至上两种安排之间的关系理顺。[③] 埃莉诺·奥斯特洛姆同样认为，在应对气候变化问题方面，一个“全球性方案”如果缺乏各国、地区和本地层面的行动，就无法确保其会得到很好的实施。为了解决气候变化问题，

---

① Joyeeta Gupta et al., “Climate Change: A ‘Glocal’ Problem Requiring ‘Glocal’ Action”, *Journal of Integrative Environmental Sciences*, Vol. 4, No. 3, 2007, pp. 139 – 148.

② 〔美〕奥兰·扬：《直面环境挑战：治理的作用》，赵小凡、邬亮译，经济科学出版社，2014。

③ 俞可平主编《全球化：全球治理》，社会科学文献出版社，2003，第68~92页。

个人、家庭、企业、社区和各级政府的日常活动必须有实质性的转变。全球气候多中心体系的特征在于不同维度上的多重治理权威，而非单一中心的单位，其中每一个单位都在特定的领域内展现制定规范和规则的相对独立性。①

2. 气候变化问题的综合性与综合治理

气候变化问题的综合性是学界的共识，综合治理的必要性也日益受到重视。如邹骥等学者认为，气候系统是典型的复杂、高度非线性、开放的巨系统。在进行气候决策时，需要将社会经济系统纳入决策视野，这进一步增加了气候决策的复杂性和不确定性。一个主权国家的决策主体需要处理全球气候利益和本国经济发展利益之间的关系。②于宏源认为，气候变化首先是一个科学问题，与人类在地球气候变化的共享知识密切相关；其次是一个安全政治问题，需要推动国际合作解决人类面临的共同安全问题；再次还是一个公众议题，需要与大众传播紧密结合、提升全球的气候变化意识；最后作为一种经济议题，需要与经济相结合，推进低碳绿色等新型的经济模式普及化。③

经济社会发展与气候变化问题的联系最为密切，因此可持续发展成了多次被提及的问题解决方案。如斯蒂芬·鲍尔（Steffen Bauer）认为，越来越多的人认识到，国际气候政策不仅关乎环境政治，也关乎社会经济发展。因此，在分析国际错综复杂的气候政策时，研究全球气候治理的学者应将发展问题一并考虑在内。在政治上，如果国际社会要建立一个与气候变化的挑战相适应的治理结构，那么它将是一个有效的全球可持续发展协议。④ 马丁·帕里（Martin

---

① 〔美〕埃莉诺·奥斯特洛姆：《应对气候变化问题的多中心治理体制》，谢来辉译，《国外理论动态》2013年第2期，第81～87页。

② 邹骥等：《论全球气候治理——构建人类发展路径创新的国际体制》，中国计划出版社，2015。

③ 于宏源：《全球气候治理伙伴关系网络与非政府组织的作用》，《太平洋学报》2019年第11期，第14～25页。

④ Steffen Bauer, "It's About Development, Stupid! International Climate Policy in a Changing World", *Global Environmental Politics*, Vol. 12, No. 2, 2012, pp. 110－115.

Parry）认为，只有可持续发展可以应对气候变化所带来的挑战。正确的发展可以使我们避免气候灾难，但这需要发展模式的根本改变。试图简单地在我们当前的发展道路上增加我们面临的大量减缓和适应气候变化的任务，将使应对气候变化付出巨大的代价，这可能部分解释了为什么我们还没有成功地商定前进的道路。[①]

但可持续发展的政策框架本身并不足以解决气候变化问题，尤其是在全球层次。劳拉·谢赫拉（Laura Scherera）等学者通过对联合国《2030年可持续发展议程》进行研究，发现可持续发展的环境目标和社会目标之间存在着相互抵消作用。这种相互作用削弱了政策实施的有效性。但是，相互作用是随着地点和影响类型的不同具有高度异质性的，这突出了定量评估和明确的地方对策的重要性。[②] 诺林·贝格（Noreen Beg）等学者认为，有效解决气候变化问题的一个关键障碍是缺乏全球、国家、区域和地方各级以及不同政府机构之间的综合决策。[③] 跨部门和行为体进行政策设计是十分重要的。这种整体性的政策有助于将不同目标之间的权衡取舍转化为协同效应。面对明显需要进行权衡取舍的不同目标，尤其需要进行额外的努力以及多部门和多行为体之间的合作。[④]

综上所述，既有关于气候变化问题不同性质的论述较为充分，但是在其多层性和综合性相互交织的方面往往被学者所忽略，这导致针对气候变化问题特点的既有政策分析和未来政策建议往往难以具体化和理论化。事实上，气候变化问题的综合性在全球层次上是

① Martin Parry, "Climate Change is a Development Issue, and Only Sustainable Development Can Confront the Challenge", *Climate and Development*, Vol. 1, No. 1, 2009, pp. 5 - 9.

② Laura Scherera et al., "Trade - offs between Social and Environmental Sustainable Development Goals", *Environmental Science and Policy*, Vol. 90, 2018, pp. 65 - 72.

③ Noreen Beg et al., "Linkages between Climate Change and Sustainable Development", *Climate Policy*, 2002, pp. 129 - 144.

④ Laura Scherera et al., "Trade - offs between Social and Environmental Sustainable Development Goals", *Environmental Science and Policy*, Vol. 90, 2018, pp. 65 - 72.

最容易被忽略的，综合性治理也难以在全球层次上加以实施。正如联合国所提出的可持续发展目标是普适性的，但必须经过本土化之后才能得以实施，如果想在可持续发展的框架内综合地应对气候变化问题，则必须借助地方层次来发挥治理作用。

（三）关于跨国城市气候网络

跨国城市气候网络是本书的主要研究对象。跨国城市气候网络以气候治理为网络主题或主要任务之一，由来自两个或两个以上国家的城市自愿组成，具有一定程度的规范化和制度化的组织形式，且网络决定由其成员直接执行。跨国城市气候网络迄今为止已经具有35年的发展历史。第一个全球性的跨国城市气候网络是1993年宜可城－地方可持续发展协会（ICLEI）发起的城市气候保护项目（Cities for Climate Protection，CCP）。此后，在2005年和2017年C40和GCoM相继成立。ICLEI'S CCP、C40和GCoM是学者关注度最高的全球性跨国城市气候网络，同时也是全球性跨国城市气候网络发展的三个里程碑。

学界对跨国城市气候网络的关注在2000年后开始增多。[①] 代表

① 参见Michele M. Betsill，"Mitigating Climate Change in US Cities：Opportunities and Obstacles"，*Local Environment*，Vol. 6，No. 4，2001；Harriet Bulkeley and Michele M. Betsill，*Cities and Climate Change Urban Sustainability and Global Environment Governance*，London and New York：Routledge，2003；Carolyn Kousky and Stephen H. Schneider，"Global Climate Policy：Will Cities Lead the Way?"，*Climate Policy*，Vol. 3，No. 4，2003；Michele M. Betsill and Harriet Bulkeley，"Transnational Networks and Global Environmental Governance：The Cities for Climate Protection Program"，*International Studies Quarterly*，Vol. 48，No. 2，2004；Kristine Kern and Harriet Bulkeley，"Cities，Europeanization and Multi-level Governance：Governing Climate Change through Transnational Municipal Networks"，*Journal of Common Market Studies*，Vol. 47，No. 2，2009；Sofie Bouteligier，*Cities，Networks，and Global Environmental Governance：Spaces of Innovation，Places of Leadership*，London and New York：Routledge，2012；Rachel M. Krause，"An Assessment of the Impact that Participation in Local Climate Networks has on Cities' Implementation of Climate，Energy，and Transportation Policies"，*Review of Policy Research*，Vol. 29，No. 5，2012；（转下页注）

性的学者包括哈里特·柏克利（Harriet Bulkeley）、米歇尔·M. 贝特希尔（Michele M. Betsill）、大卫·J. 戈登（David J. Gordon）、米歇尔·阿库托（Michele Acuto）、大同·李（Taedong Lee）等人。学界针对跨国城市气候网络的研究大致涉及如下几类问题。第一，城市与环境保护和气候治理议题的联系是什么？该问题的提出是研究跨国城市气候网络的一个切入点，探讨的是跨国城市气候网络成立的应然性。第二，跨国城市气候网络是否促进了城市成员的气候行动？城市为什么会选择加入跨国城市气候网络？什么因素影响了城市在跨国城市气候网络中的表现？这类问题是以城市为中心，围绕着城市与网络之间的关系展开的。第三，跨国城市气候网络的治理方式和策略是什么？跨国城市气候网络在全球气候治理中的作用和局限有哪些？跨国城市气候网络经历了哪些不同的发展阶段？跨国城市气候网络的分类是什么？这类问题的提出使得研究重心开始从城市层面转向网络层面，真正地开始将跨国城市气候网络视为全球气候治理中的一种治理

（接上页注①）Harriet Bulkeley and Michele M. Betsill, "Revisiting the Urban Politics of Climate Change", *Environmental Politics*, Vol. 22, No. 1, 2013; David J. Gordon, "Between Local Innovation and Global Impact: Cities, Networks, and the Governance of Climate Change", *Canadian Foreign Policy Journal*, Vol. 19, No. 3, 2013; Michele Acuto, "City Leadership in Global Governance", *Global Governance*, Vol. 19, No. 3, 2013; Taedong Lee, *Global Cities and Climate Change: The Translocal Relations of Environmental Governance*, New York: Routledge, 2015; Craig Johnson, Noah Toly and Heike Schroeder, eds., *The Urban Climate Challenge: Rethinking the Role of Cities in the Global Climate Regime*, London and New York: Routledge, 2015; Jennifer S. Bansard et al., "Cities to the Rescue? Assessing the Performance of Transnational Municipal Networks in Global Climate Governance", *International Environmental Agreements: Politics, Law and Economics*, 2016; Andrew Jordan, Dave Huitema, Harro van Asselt and Johanna Forster, eds., *Governing Climate Change: Polycentricity in Action?* London and New York: Cambridge University Press, 2019; Jeroen van der Heijden, Harriet Bulkeley and Chiara Certomà, eds., *Urban Climate Politics: Agency and Empowerment*, Cambridge: Cambridge University Press, 2019; Wolfgang Haupt and Alessandro Coppola, "Climate Governance in Transnational Municipal Networks: Advancing a Potential Agenda for Analysis and Typology", *International Journal of Urban Sustainable Development*, Vol. 11, No. 2, 2019。

机制，这与跨国城市气候网络通过证明自己的行动力，继而在全球气候治理中日益获得独立性和合法性的现实发展成就是密不可分的。诚然，以上这三类问题当今仍共同存在于有关跨国城市气候网络的研究当中，其中，跨国城市气候网络的作用是最受关注和最为核心的研究问题。下面将对一些重要的研究成果进行回顾和综述。

1. 跨国城市气候网络对城市减排的影响

针对跨国城市气候网络能否促进城市成员减排的问题在跨国城市气候网络发展的初期受到了学者的质疑，相关研究多为针对最早成立的全球性跨国城市气候网络 ICLEI'S CCP 的案例研究。希色·齐佩尔（Heather Zeppel）认为，ICLEI'S CCP 的作用包括帮助地方政府减少温室气体排放、节省财政开支、提高城市对气候变化的认识、增强地方的领导力等。[①] 瑞秋·M. 克劳斯（Rachel M. Krause）的研究结论是 ICLEI'S CCP 成员的温室气体减排量出现了小幅至中等的增长。[②] 而哈里特·柏克利和米歇尔·M. 贝特希尔指出，ICLEI'S CCP 存在成员能力相差悬殊，治理诉求不一致，在网络中的表现差异较大的问题。有些较大的城市追求自身在气候治理方面的领导力，有些城市希望得到用于气候治理的政治资源和资金支持，还有一些城市仅仅是为了表达自身立场，与实际行动还相差甚远。ICLEI'S CCP 成员的差异性造成了制度化的难题。各个城市在网络中的影响力及其从网络中汲取资源的能力相差甚远。此外，国家层面的制约与地区各部门之间的冲突，以及与市场机制联系较弱等问题也是 ICLEI'S CCP 发挥作用的阻碍因素。[③]

---

① Timothy Cadman, ed., *Climate Change and Global Policy Regimes: Towards Institutional Legitimacy*, London: Palgrave Macmillan, 2013, pp. 217 - 231.

② Rachel M. Krause, "An Assessment of the Impact that Participation in Local Climate Networks has on Cities' Implementation of Climate, Energy, and Transportation Policies", *Review of Policy Research*, Vol. 29, No. 5, 2012, pp. 585 - 604.

③ Harriet Bulkeley and Michele M. Betsill, *Cities and Climate Change Urban Sustainability and Global Environment Governance*, London and New York: Routledge, 2003.

2. 城市加入跨国城市气候网络的原因

从城市自身的角度来看，它们不仅缺乏承担全球气候治理责任的内生动力，面临集体行动的困境，而且其本身的气候行动也难以对全球气候变化产生实质性的影响，因此学者针对城市加入跨国城市气候网络的原因展开了研究。杰伦·范德海登（Jeroen Van Der Heijden）认为，城市积极参与全球气候治理的原因包括以下几点：首先，城市往往被认为是气候变化的主要受害者和主要责任方；其次，城市在减排方面具有优势，可以将一种经过实验的、现成的技术和知识进行特定的结合，以大规模和净收益的方式实现减排；再次，一些城市争相成为绿色增长和经济现代化的范例，吸引具有绿色倾向的投资者和公民；最后，一些城市在减排方面显得雄心勃勃是源于国家政府的支持。① 张丽华和韩德睿认为全球城市介入全球气候治理有其自身的内部动因和来自外部的反推动力，内部动因是指介入全球气候治理是城市领导者的权力来源途径和吸引移民的必要手段，外部反推动力包括国家主导的全球气候治理体系所面临的困境和气候变化谈判的国家属性阻碍了城市获取气候治理资源。② 大卫·J. 戈登认为城市承受全球化带来的竞争性压力、城市提升治理能力的需要以及技术革命提高了城市的国际交往能力，是推动城市参与跨国城市气候网络的背景条件。③ 米歇尔·M. 贝特希尔认为城市加入跨国城市气候网络受到政治意愿、制度制约、技术能力、人力资源、

① Andrew Jordan, Dave Huitema, Harro van Asselt and Johanna Forster, eds., *Governing Climate Change: Polycentricity in Action?* London and New York: Cambridge University Press, 2019, pp. 81 - 96.

② 张丽华、韩德睿：《城市介入全球气候治理的内外动因分析——全球城市的视角》，《社会科学战线》2019 年第 7 期，第 203 ~ 213 页。

③ David J. Gordon, "Between Local Innovation and Global Impact: Cities, Networks, and the Governance of Climate Change", *Canadian Foreign Policy Journal*, Vol. 19, No. 3, 2013, pp. 288 - 307.

财政状况等因素的影响。[①] 大同·李认为城市的全球化程度是促使城市参与跨国城市气候网络的重要影响因素。全球城市是城市参与全球气候治理的先驱。[②]

3. 跨国城市气候网络的治理策略

处于不同发展阶段的跨国城市气候网络会根据客观条件和现实目标采取治理策略。哈里特·柏克利和米歇尔·M. 贝特希尔指出，ICLEI'S CCP 采取“挂钩”战略，强调城市的气候行动可以实现全球层面和地区层面的双赢，应对气候变化可以改善本地的环境质量、增进当地社区的宜居性、提高市民的生活质量、吸引投资和人才、促进经济发展等。这减少了城市参与跨国城市气候网络的阻碍，并与已建立可持续发展议程的城市产生共鸣。ICLEI'S CCP 借助这一战略创造了关于当地应对气候变化的可能性的知识，并产生了关于这种行为价值的规范。地方政府可以利用这些协同效益在市民中间将全球气候问题本土化，这是促进城市回应全球气候治理重要的第一步。[③] 大卫·J. 戈登和米歇尔·阿库托认为，C40 致力于获得其他全球气候治理主体对其关键作用的认可，并确保获得资源以协助城市产生独立于国家的治理效果，因此围绕宣传策略、战术策略和组织策略三个关键策略开展了合法化实践，以获取权威并增强网络的治理能力。宣传策略旨在将城市定位为全球气候治理中的引领者和中心，不论是对气候变化成因的影响还是在提供解决方案方面，城市

① Michele M. Betsill, “Mitigating Climate Change in US Cities: Opportunities and Obstacles”, *Local Environment*, Vol. 6, No. 4, 2001, pp. 393 – 406.

② Taedong Lee, *Global Cities and Climate Change: The Translocal Relations of Environmental Governance*, New York: Routledge, 2015.

③ Harriet Bulkeley and Michele M. Betsill, *Cities and Climate Change Urban Sustainability and Global Environment Governance*, London and New York: Routledge, 2003; Michele M. Betsill and Harriet Bulkeley, “Transnational Networks and Global Environmental Governance: The Cities for Climate Protection Program”, *International Studies Quarterly*, Vol. 48, No. 2, 2004, pp. 471 – 493; Carolyn Kousky and Stephen H. Schneider, “Global Climate Policy: Will Cities Lead the Way?”, *Climate Policy*, Vol. 3, No. 4, 2003, pp. 359 – 372.

都在其中发挥重要作用；战术策略旨在通过与各种行为体建立伙伴关系，以获取知识和财政支持来增强权威，弥补跨国城市气候网络天然的权威不足；组织策略的重点是进行网络建设，以提高强制能力，缩小话语和行动的差距，并推动信息、实践和政策在城市间点对点的传播与交流。在这些策略的作用下，C40 已经开始获得它所寻求的承认与合法性。[①] 王玉明和王沛雯认为，由于跨国城市气候网络本身没有政策实施的强制力，跨国城市气候网络主要通过以下方式参与全球气候治理：一是影响全球气候政策的制定，提高国际影响力；二是推动气候治理规范的创新与扩散；三是通过项目资助与合作来促进网络成员获得更多资金及政治资源，发挥网络的杠杆作用；四是推广传播气候治理的经验与技术，支持城市政府的气候治理行动。[②]

4. 跨国城市气候网络的发展阶段

对于跨国城市气候网络发展阶段的梳理是跨国城市气候网络在实践中取得阶段性进展的产物，而这种阶段性进展是由不同的跨国城市气候网络通过密切合作和相互支持所共同推动的。哈里特·柏克利和米歇尔·M. 贝特希尔认为城市对气候变化的应对分为两个阶段。第一阶段可称为市政志愿主义（municipal voluntarism），主要涉及北美洲和欧洲的中小型城市，其特征是市政当局内部的个人认识到气候变化的潜在重要性，并进行某种形式的响应。城市应对气候变化的第二阶段可以称为战略城市主义（strategic urbanism），这在一定程度上源于城市所面临的气候风险和环境挑战使得应对气候变化逐渐成为城市议程中不可或缺的一部分。尽管市政志愿主义是应对气候变化问题的主要方式，尤其是在较小的城市中，但这一阶段

---

① Craig Johnson, Noah Toly and Heike Schroeder, eds., *The Urban Climate Challenge: Rethinking the Role of Cities in the Global Climate Regime*, London and New York: Routledge, 2015, pp. 63 - 81.

② 王玉明、王沛雯：《跨国城市气候网络参与全球气候治理的路径》，《哈尔滨工业大学学报》（社会科学版）2016 年第 3 期，第 114 ~ 120 页。

仍可以被视为创造了一种新的气候政治形式。[①] 大卫·J. 戈登和米歇尔·阿库托认为，从20世纪90年代初到21世纪头10年，城市在气候治理中的参与在很大程度上是零碎和片面的。城市在气候治理方面所做的努力具有象征性质，最明显的体现是口头承诺与实际执行之间的差距，以及公开宣布的目标与实际治理绩效之间的距离。第一批跨国城市气候网络可以追溯到20世纪80年代，在提高城市在气候治理中的地位方面发挥了关键作用，但对气候治理总体形式和方向的影响有限。近年来，第二批跨国城市气候网络积极努力重新定位自己与全球气候治理体系的关系，试图使自己成为自主的气候治理主体，将名义上的承诺转化为实际行动，产生有意义和及时的综合治理成效。[②]

5. 跨国城市气候网络的作用与局限

对于跨国城市气候网络作用与局限的研究是跨国城市气候网络在全球气候治理中取得独立性和合法性之后的重点研究内容。李昕蕾基于对ICLEI'S CCP的案例分析，认为以ICLEI'S CCP为代表的跨国城市气候网络主要通过多中心治理和社会资本网络化实现外部强制力缺失情况下网络内部的有效激励、可信承诺和相互监督，同时促进了网络合作联盟的不断扩大，为气候治理公共产品的持续供给提供了新的动力，从而成为全球气候治理中不可或缺的水平网状治理维度。[③] 韩柯子和王红帅以ICLEI'S CCP为例，指出跨国城市气候网络具有高公共性、低授权性与高包容性的特点，兼具政府间主义与跨

① Harriet Bulkeley and Michele M. Betsill, "Revisiting the Urban Politics of Climate Change", *Environmental Politics*, Vol. 22, No. 1, 2013, pp. 136 – 154.

② Craig Johnson, Noah Toly and Heike Schroeder, eds., *The Urban Climate Challenge: Rethinking the Role of Cities in the Global Climate Regime*, London and New York: Routledge, 2015, pp. 63 – 81.

③ 李昕蕾：《跨国城市网络在全球气候治理中的行动逻辑：基于国际公共产品供给“自主治理”的视角》，《国际观察》2015年第5期，第104～118页。

国家主义的优势，为全球气候治理增加了机会。[①] 大卫·J. 戈登以C40为主要研究对象，总结了跨国城市气候网络进行全球气候治理创新的两个维度，一是城市正在利用现有的能力，通过直接相互接触，以及与国内外其他行为体的接触，重建领土、权威和权利之间的基本关系。这是对国家主权完整的一个严重挑战，同时避免了将国家视为主导力量抑或走向消亡的二分法。二是跨国城市气候网络挑战了将国内与国际领域相分离的做法，以及合作之前必须进行关于目标和成本分配的谈判的假设，通过依靠在自愿基础上以开放的方式提高行为体治理能力的潜力，网络可以回避一直困扰着国际谈判的集体行动的难题。[②] 李昕蕾和任向荣以C40为例，总结了跨国城市气候网络在全球气候治理中的四种功能，包括为全球气候治理提供新的互动层次、起到技术创新活动家和规范扩散推动者的作用，以及在全球气候治理中发挥作用。[③] 庄贵阳和周伟铎认为，全球城市气候网络超越了传统的垂直型全球多层治理的障碍，促进了国际气候谈判从零和博弈向互利共赢的合作模式转变。[④]

大卫·J. 戈登和米歇尔·阿库托阐述了跨国城市气候网络所面临的挑战，认为城市作为全球气候治理的行为体，如果既要在继续照顾当地实际和特殊的条件与环境的同时，又要为全球气候治理做出有意义的贡献，就会面临相当大的障碍。C40必须在产生全球治理的有效成果与保持灵活的网络治理之间艰难地找到平衡点。城市的希望在于它们有可能带来一种打破领土、权威和权力之间现代关

---

① 韩柯子、王红帅：《气候治理中的跨国城市网络：特点、作用、实践》，《经济体制改革》2019年第1期，第75～81页。

② David J. Gordon, "Between Local Innovation and Global Impact: Cities, Networks, and the Governance of Climate Change", *Canadian Foreign Policy Journal*, Vol. 19, No. 3, 2013, pp. 288－307.

③ 李昕蕾、任向荣：《全球气候治理中的跨国城市气候网络——以C40为例》，《社会科学》2011年第6期，第37～46页。

④ 庄贵阳、周伟铎：《非国家行为体参与和全球气候治理体系转型——城市与城市网络的角色》，《外交评论》2016年第3期，第133～156页。

系的全球治理模式。然而，风险是双重的。一方面，城市可能被重新纳入当前以国家为中心的治理体系；另一方面，跨国城市气候网络主张治理权威所提出的结构性要求有可能破坏其治理的创新性、实验性和地方适应性。[①] 詹妮弗·S. 邦萨尔（Jennifer S. Bansard）等学者通过对13个跨国城市气候网络的调查发现其存在如下问题：其一，跨国城市气候网络的成员大多来自欧洲和北美洲，而来自南半球国家的成员比例偏低；其二，只有少数网络承诺量化减排，而且这些网络的减排承诺并不比UNFCCC的缔约方更有雄心；其三，用以监督减排的规定和措施是相当有限的。总而言之，跨国城市气候网络并不像人们认为的那样具有代表性、透明性和雄心勃勃。[②] 李昕蕾详细阐述了跨国城市气候网络成员中的南北差异问题，认为跨国城市气候网络内部的制度性权力、资源性权力及话语性权力使整个网络体系在结构上呈现出等级性。[③]

当前，在针对跨国城市气候网络作用的研究中存在着一些明显的不足：一是多为单一的案例分析，未能将成立于不同时间的跨国城市气候网络联系起来进行历时性考察和比较性分析，既缺乏对跨国城市气候网络发展脉络和趋势的整体性把握，也忽略了对数量众多、类型多样的跨国城市气候网络之间相互关系的探究；二是缺乏全面和系统的分析视角，往往从跨国城市气候网络自身能否独立地应对气候变化问题的这一分析角度出发，聚焦于跨国城市气候网络在促进成员城市减排量方面的即时和直接作用，并将其视为衡量跨国城市气候网络作用的最重要乃至唯一的评价标准。但是，在多中

---

① Craig Johnson, Noah Toly and Heike Schroeder, eds., *The Urban Climate Challenge: Rethinking the Role of Cities in the Global Climate Regime*, London and New York: Routledge, 2015, pp. 63 – 81.

② Jennifer S. Bansard et al., "Cities to the Rescue? Assessing the Performance of Transnational Municipal Networks in Global Climate Governance", *International Environmental Agreements: Politics, Law and Economics*, 2016, pp. 229 – 246.

③ 李昕蕾：《跨国城市网络在全球气候治理中的体系反思："南北分割"视域下的网络等级性》，《太平洋学报》2015年第7期，第38～49页。

心、多层次和多样化的全球气候治理体系中，能否有效地应对气候变化问题依靠的是各个治理主体之间的配合，而非某个单一的治理主体。因此，观察跨国城市气候网络在全球气候治理中对完善治理方式与过程的补充性作用，而非在治理作用与结果上的代替性作用，应该是一个更合适的研究视角。

（四）关于全球气候治理发展趋势

第21届联合国气候变化大会（巴黎）召开以后，学界除了对国家自主贡献进行了集中讨论之外，全球气候治理中的国际气候治理机制和跨国气候行动之间关系的发展也成了一个新的重要分析维度。卡琳·拜克斯特朗（Karin Bäckstrand）等学者将当前国家和非国家行为体之间日益紧密的联系和影响称为“混合多边主义”（hybird multilateralism）。混合多边主义抓住了全球气候治理的两大发展趋势。一是国家自愿气候承诺以及定期审查机制和棘轮效应/渐进管制。非国家行为体不仅是观察员，而且是国家自主贡献的执行者和监督者。二是多边机制和跨国机制之间日益增多的相互影响，UNFCCC秘书处在其中充当了协调者的角色。虽然《巴黎协定》将国家自主贡献机制视为气候治理的支柱，但是非国家行为体的角色已经变得不可或缺。[①]

国家和非国家行为体在全球气候治理中的合作具有良好的发展前景。桑德尔·尚（Sander Chan）等学者认为，非国家气候行动具有灵活性、创新性和多样性的优势，但是缺乏中心力量的引导，而联合国气候进程具有合法性，覆盖了全球范围，但是进展缓慢，制度僵硬。多边机制和跨国行动之间的战略性合作可以强化各自的优势，同时弥补各自的劣势。如果以正确的方式将它们关联起来，那

---

① Karin Bäckstrand et al.,“Non-state Actors in Global Climate Governance: From Copenhagen to Paris and Beyond”, *Environmental Politics*, Vol. 26, No. 4, 2017, pp. 561 - 579.

么就可以使两种治理方式的成果最大化。桑德尔·尚进而提出，两者之间的合作应该以协作性、全面性、可评估性和促进性为指导原则。2015年召开的第21届联合国气候变化大会（巴黎）至关重要，它为建立一个用以促进、支持和引导这些跨国气候行动的框架提供了一个历史性的机遇。如果没有这样一个框架，“自下而上”的气候治理恐怕难以产生有意义的结果。[①]

但需要注意的是，跨国气候行动一方面有望弥补国际气候治理与全球气候治理控温目标（即将全球气温升高控制在2℃以内，以及将气温限制在高于工业化前1.5℃的水平的目标）之间的差距，但另一方面也可能产生治理低效、提高交易成本、降低政府责任以及助长不合理的私人治理等问题。非国家行为体可能会通过提出自己的标准来规避更严格的政府监管，也可能不会解决最紧迫的问题，而是专注于那些容易完成的事项，甚至提出空洞的承诺并进行“绿色清洗”。跨国行动和国际机制之间的相互作用可能并不是绝对积极的。[②]

李昕蕾认为，自2009年哥本哈根会议以来，全球气候治理逐步由一种谈判推动治理模式转变为治理实践深入影响谈判进程的模式。包括多元行为体和多维治理机制在内的气候治理机制复合体的发展成为全球气候治理格局演进的必然结果。[③] 于宏源和余博闻认为，多元行为体和关键国家在多个层次上对治理实践的创新推动全球气候治理从以国家减排为重心转向以经济低碳化为重心。[④] 王克和夏侯沁

① Sander Chan et al.，“Reinvigorating International Climate Policy: A Comprehensive Framework for Effective Nonstate Action”, *Global Policy*, Vol. 6, No. 4, 2015, pp. 466 – 473.

② Sander Chan et al.，“Aligning Transnational Climate Action with International Climate Governance: The Road from Paris”, *Review of European, Comparative & International Environmental Law*, Vol. 25, No. 2, 2016, pp. 238 – 247.

③ 李昕蕾：《治理嵌构：全球气候治理机制复合体的演进逻辑》，《欧洲研究》2018年第2期，第91～116页。

④ 于宏源、余博闻：《低碳经济背景下的全球气候治理新趋势》，《国际问题研究》2016年第5期，第48～61页。

蕊认为，全球气候治理体系的趋势性转型包括UNFCCC外机制与非国家主体逐渐显化，形成对UNFCCC内谈判的补充力量等。①

伊娃·勒夫布兰德（Eva Lövbranda）等学者还指出了联合国气候变化大会在多中心的气候治理机制中的作用。他们认为，《巴黎协定》签署后，在京都时代形成的单一中心的气候制度，已经被一种分散的和自愿的承诺—审查制度所取代。这种“自下而上”的气候治理被认为是更加碎片化、多中心和实验性的。通过邀请国家、地区、城市、企业和市民社会共同参与，应对气候变化的责任被分配给多个行为体。随着谈判议程的扩大和日益复杂化，各国政府开始让更多的部委、机构和地方政府的官员参与谈判。联合国气候变化大会的作用不仅仅是促进国际合作，达成国际条约，还在于为各国政府和非国家观察员提供一个聚集的场所和讨论的平台。谈判代表主要作为各自政府的代表出席会议，同时许多政府代表也利用这些会议来了解气候变化，结成网络和建立联系。②

综上所述，全球气候治理的发展呈现多中心的发展趋势，任何一种治理主体都无法单独完成全球气候治理的既定目标。虽然不同的治理主体之间具有互补的潜力已经成为一种共识，但是这方面的研究仍处于起步阶段，存在过于宏观化的问题。第一，在很长一段时间内，国际气候治理和跨国气候行动都是相对独立的研究领域。当前，将两者相结合进行系统性分析的理论框架还相对缺乏。对于由非国家和次国家行为体发起的各种跨国气候行动与处于核心地位的国际气候条约体系如何相互作用以及它们之间具有哪些互补性的问题并未得到深入的分析。第二，长期以来全球治理研究倾向于关注治理行为体和治理结果，而相对忽视了治理过程和治理方式。由

① 王克、夏侯沁蕊：《〈巴黎协定〉后全球气候谈判进展与展望》，《环境经济研究》2017年第4期，第141～152页。

② Eva Lövbranda et al.，“Making Climate Governance Global：How UN Climate Summitry Comes to Matter in a Complex Climate Regime”，*Environmental Politics*，Vol. 26，No. 4，2017，pp. 580－599.

于多中心气候治理的成效是长期性和累积性的，全球气候治理中各种行为主体的治理效果应该更多地放在治理过程和治理方式的视角下进行长期、整体和系统的观察。

三 研究思路与方法

（一）研究思路

本书研究的核心问题是跨国城市气候网络在全球气候治理中的作用。

第一章旨在为研究全球治理中地方层次治理的作用搭建一个分析框架。本章介绍了全球地方化思想并阐述了全球治理中全球地方化、全球地方性和全球地方主义的概念内涵。全球地方化是指全球化时代全球化和地方化之间相伴而生和有机共构的持续性过程。全球地方性形容全球公共事务在全球层次体现出普遍性的同时又在地方层次体现出特殊性，即拥有全球性和地方性的双重特性。全球地方性的具体表现包括多层性、综合性和人文性，即治理对象在多个层次同时存在、与其他议题相关联并与公众日常生活相贴近。全球地方主义是指倡导通过全球机制和地方机制之间的有效协作来治理全球公共事务的理念及实践。全球地方主义强调通过推进多层次治理、适应性治理和参与式治理来应对全球治理当前的不足与弊端。全球地方主义的三重目标指向与全球地方性的三个表现之间是一一对应的关系。总而言之，全球地方化是对全球化的重新描述，全球地方性为看待全球问题提供了不同的视角，而全球地方主义是在全球地方化的世界中为应对全球地方性问题而提出的治理理念。全球地方主义有助于在本体论意义上超越以国家为中心的分析框架、在认识论意义上多层次和立体化地分析全球公共事务以及在方法论上打破国内治理和全球治理之间的界限。

全球地方主义需要全球治理层次和地方治理层次之间的共同合

作才能得以付诸实践，但地方治理层次在全球治理中所具有的重要作用在这里得到了突出的强调。地方层次的治理是以地方机制为载体实施的。全球地方主义为研究地方机制的作用提供了一个分析框架。第一，应针对选定的研究议题对其全球地方性在多层性、综合性和人文性三个方面表现的显著性进行具体分析，并据此判断全球地方主义的既定目标在治理该议题上的适用性，继而适当地确定该议题下全球地方主义的具体内容和侧重。第二，确定该议题领域中地方层次中的治理主体并将其作为具体的研究对象。在任何一个治理层次上，政府都是治理事务的总体协调者。但并非所有地方政府都具备全球视野且能够依靠自身的力量超越既有的地方议程，而跨国城市网络可以在一定程度上为其城市成员在全球治理中突破自身的局限和障碍提供平台、条件和途径。因此，本书将跨国城市网络视为地方层次中的治理主体。第三，根据该议题领域下全球地方主义治理的重点内容，逐项考察所确定的研究对象在其中所实际发挥的作用。本书拟在全球地方主义的框架下考察跨国城市气候网络在全球气候治理中的作用。

第二章对全球气候变化问题的全球地方性进行具体分析，发现全球气候变化问题在全球、国家和地方等多层次中同时广泛存在，与经济、社会和政治领域高度相关，并且从个人健康、文化传统和观念认知等方面等贴近公众的日常生活，因此气候变化问题在多层性、综合性和人文性三个方面的表现都十分显著。据此，气候变化问题领域的全球地方主义治理对多层次治理、适应性治理和参与式治理提出了较高的要求。

第三章分析跨国城市气候网络的发展及其所取得的成就和面临的局限。在本章中笔者首先对跨国城市气候网络的定义、特征、分类和治理方式进行了一般性的概括。之后，本章选取 ICLEI'S CCP、C40 和 GCoM 三个最具有代表性的全球性跨国城市气候网络作为考察对象，认为它们推动跨国城市气候网络取得了从理念传播到实际行动，再到结果导向的持续进展，使跨国城市气候网络的治理呈现出延续性、互补性和整体性的特征，继而推动了全球气候治理中地方治理层次的形成和发展。

第四章考察跨国城市气候网络的全球地方主义治理实践情况。第一，跨国城市气候网络通过将全球气候变化问题地方化和将地方气候治理全球化促进了全球治理层次和地方治理层次之间的互动。第二，跨国城市气候网络的网络治理方式以尊重地方政府自愿性和自主性为前提，通过将气候治理纳入可持续发展的政策框架中，提升了不同地方情境中的气候治理的可行性。第三，跨国城市气候网络能够通过促进公共教育和提供参与渠道的方式来发挥公众在全球治理中的积极作用。总之，跨国城市气候网络在推进多层次、适应性和参与式的治理方面都卓有成效。

第五章整体考察跨国城市气候网络在全球地方主义治理中的发展前景。气候治理朝着多中心的方向发展是不可逆转的发展趋势。全球地方主义治理的发展需要国际气候条约体系与跨国城市气候网络之间的有效协作。跨国城市气候网络可以在治理层次、治理内容和治理方式上对国际气候条约体系起到补充和支持作用，这为未来全球地方主义治理的发展奠定了现实基础。联合国气候变化大会本身具有开放性，为各种行为体之间的相互交流与合作搭建了平台。2015 年《巴黎协定》签署之后，联合国气候变化大会开始致力于在缔约方和非缔约方利益攸关方之间承担协调者的角色。可以预期，跨国城市气候网络在全球气候治理中的参与将朝着合法化、机制化和常态化的方向发展，这为跨国城市气候网络的发展带来了良好的政策环境和重要的历史机遇。

（二）研究方法

1. 层次分析法。全球治理本身是一个包含多层次的治理体系，但是在现实中却往往被简化为全球层次的治理，不仅国家及主权原则常常被错误地视为全球治理中的消极因素，而且地方等治理层次的作用也一直未能得到应有的重视。应该看到，全球治理各个层次之间是基于治理议题所涉范畴的协作关系，而不是基于权力或权威大小的等级关系。不同的治理层次在不同议题的治理中都发挥着自身独特的作用。本书尝试性地为评估地方机制在治理不同议题中的作用提出了一个分析框架，使得全球治理中的针对地方层次治理的研究更为科学化和系统化。通过赋予地方机制以自主的本体论地位和实质的行动者角色，本书在一定程度上避免了全球治理既有研究因过度聚焦全球机制而具有的片面性。

2. 系统分析法。全球气候治理中的各种层次和各种行为体之间存在持续的互动。全球气候治理的结果无法从各个治理行为体孤立的行为中推测出来。因此，仅仅关注跨国城市气候网络本身促进减排量的多少无法对其在全球气候治理中的作用做出全面而合理的评估，这会影响人们对其重要作用的认识。跨国城市气候网络作为地方治理层次的最重要载体，是整个全球气候治理体系中的组成部分，其在全球气候治理中的作用的发挥在很大程度上具有间接性和滞后性。全球地方主义的分析框架为研究跨国城市气候网络的作用提供了一个系统性的观察视角，有助于揭示跨国城市气候网络在全球气候治理中重要的间接作用和长期意义。

3. 历史分析法。客观事物是发展和变化的，分析事物要将其发展的不同阶段加以联系和比较，才能弄清其实质，揭示其发展趋势。自跨国城市气候网络诞生以来，已历经三十余年的发展。其发展呈现出明显的阶段性和延续性。当今最具代表性的全球性跨国城市气候网络成立的时间各不相同，并且其治理特点与其所处的时代背景以及网络自身的发展阶段息息相关。此外，较早成立的跨国城市气候网络所取得的成果在一定程度上为后续跨国城市气候网络的建立提供了必要的基础和准备。因此，历史分析法对研究跨国城市气候网络的行动逻辑和整体作用是十分必要的。

第一章　全球地方主义：相关概念与分析框架

如前所述，在全球治理研究中，学者们对“全球地方化”的概念具有一些零散和初步的应用，但对于其内涵的挖掘远未具体和深入。有鉴于此，下文将主要通过借鉴和吸收社会学中罗伯森的全球地方化思想以及鲁多梅索提出的全球地方化、全球地方性和全球地方主义三个概念，来探索全球地方化思想在全球治理研究中的可能的应用与启示。本书认为，在全球治理中，由全球地方化思想也可以发展和细化出三重含义，分别是描述全球化过程的全球地方化、描述全球化世界中事物特性的全球地方性以及描述全球化世界中行动策略的全球地方主义。

第一节　全球地方主义的现实基础：全球地方化的世界

一　解读全球地方化

全球地方化的世界是全球地方主义产生的现实基础。“全球地方化”一词本身蕴含了全球化与地方化之间的互动。而全球化与地方化之间的关系和互动，对于全球治理的研究具有重要意义。罗西瑙曾以两者之间的关系为全球治理勾勒了新的本体论。他指出，全球化的强大趋势不仅导致了边界变更、权威重置、国家弱化和非政府组织的大量增加，同时还引发了明显的地方化趋势，由此进一步加强了上述局面。在没有世界政府的情况下，如果旧的本体论的核心是主权国家之间的互动，那么新的本体论的核心就是全球化力量和地方化力量[①]之间的互动，并由此导向了一体化和碎片化的趋势，这两种趋势同时发生并相互作用，以至于又缩套进一个不规则而单一的过程中，罗西瑙将它称为“碎片一体化”。虽然这个词听起来似有碰撞摩擦，但却很好地把握了全球化和地方化之间的难分难解和因果联系，凸显了每次前者的加强都可能导致后者相应加强的可能性，反之亦然。由此可见，“碎片一体化”和“全球地方化”两个概念有着十分相似的含义。本书在借鉴和融合全球治理中的碎片一体化和社会学中的全球地方化既有研究的基础上，将全球治理中的全球地方化定义为，全球化时代全球化和地方化之间相伴而生和有机共构的现象与过程。

长期以来，人们强调和关注的都是全球化和地方化之间所具有的高度张力。在这种视角下，全球化和地方化互为彼此的对立面。在很大程度上，这是由于全球资本主义的发展广泛而强势地蔓延至各个地方，“地域的空间”被“流的空间”所轻易浸透。地方的发展也往往由国际资本的流动所决定。[②] 现代主义对地方性保持一种贬义的态度，认为其代表了落后和守旧，并阻碍了现代化的发展。因此，从这一角度来看，地方只是全球化浪潮所及之处的某个场域，并不具有自身的生命力，也没有抗拒的空间或改变的可能。[③]

但是，无论全球经济一体化如何发展，全球空间如何压缩和整

---

① 本书将“local”统一译为“地方的”。原因在于“地方”常指中央以下行政区，而“地方”作为“全球”的相对概念，覆盖范围更为宽泛，不仅可以在狭义上指代次国家行为体，也可以在广义上涵盖国家行为体。在不同的语境下，“地方”的指代对象可能有不同的侧重，本书取其广义上的含义。

② 陈重成：《全球化语境下的本土化论述形式：建构多元地方感的彩虹文化》，台湾《远景基金会季刊》2010 年第 4 期，第 47 页。

③ 陈重成：《全球化语境下的本土化论述形式：建构多元地方感的彩虹文化》，台湾《远景基金会季刊》2010 年第 4 期，第 60 ~ 61 页。

合，“地方”向来是人类储存记忆、形成认同和产生意义的重要场域，是所有行动者的实践基地，这是无法被撼动和改变的。[①] 事实上，在全球化的语境下，不同的地方不仅没有完全朝着趋同的方向发展，反而增强了自我意识，重新塑造了自我身份。甚至，在全球化的进程中，地方特色反而显得弥足珍贵。例如，在全球经济中，为了争取高流动性的跨国资本，地方往往通过标榜和构建地方特色的方式来展示自己的竞争优势。在全球政治中，无论是国家或地方也都必须通过建立和强化地区性组织的方式来面对和因应全球化发展的需要。[②]

综上所述，全球化和地方化之间的关系不能用简单的二元对立模式来加以概括。实际上，二者之间是一种对位式的辩证发展关系。全球地方化兼具普遍性与特殊性的双向联结关系。在“特殊主义的普遍化”与“普遍主义的特殊化”的对位式辩证发展进程中，任何地方性的思维或行为模式都不再仅仅只是某个特定地方的特有产物，而是有发展成为全球趋势的无限可能性。只是当这种普遍性再被引进到其他的地方时，又将与当地的特色相融合，成为当地文化的一部分。[③]

二　全球地方化带来的反思与启示

对全球化的本体论认知是进行全球治理研究的基础。在世纪之交，罗西瑙曾指出：在全球治理的研究中，如仍然将国家和政府当作分析的焦点，将难以挣脱传统概念的束缚。在这一情况下，我们迫切需要发展出一种新的本体论，以更好地理解和研究全球治理。

---

① 陈重成：《全球化语境下的本土化论述形式：建构多元地方感的彩虹文化》，台湾《远景基金会季刊》2010 年第 4 期，第 48 页。

② 陈重成：《全球化语境下的本土化论述形式：建构多元地方感的彩虹文化》，台湾《远景基金会季刊》2010 年第 4 期，第 60 ~ 63 页。

③ 陈重成：《全球化语境下的本土化论述形式：建构多元地方感的彩虹文化》，台湾《远景基金会季刊》2010 年第 4 期，第 60 ~ 65 页。

本体论可以帮助我们探究当今世界上基本的实体、关键的关系和秩序的构成要素。在以“碎片一体化”描述并概括了新的本体论之后，罗西瑙继而指出，基于这一新的本体论所绘制的世界地图：全球治理高度分散，世界由权威领域组成。[①] 这一论述对于超越以国家和民族为第一位的旧的思考方式具有十分重要的意义。

但是，以新的本体论为基础所进行的全球治理研究在超越国家中心论方面仍然存在着一些局限。一方面，虽然既有研究已经认识到全球化力量和地方化力量之间的相互作用导向了全球的碎片一体化，但是这种互动本身尚未能被当作研究对象得到应有的重视和详尽的探讨，这使得全球化仍常常被视为对地方生活方式进行简单消解的一种压倒性力量，并导致全球治理研究往往局限在全球层次。例如，经典的国际关系理论采用一种含蓄的还原主义视角来看待地方与全球之间的关系，迫使它们进入一个以国家为中心的战略互动框架。而在全球问题的学术研究中，地方应该被赋予更高的本体论地位。对此，多层次治理是赋予地方层次以自主的本体论地位和实质的行动者角色的有效分析方法。[②]

另一方面，以权威空间作为全球治理的分析单元虽然可以脱离国家领土边界的束缚，但同时也促使研究重点聚焦在全球层次拥有更多权威的行为体上。而根据“产生服从的能力”来定义权威，很难脱离权力、权威与合法性三位一体的思维逻辑，导致大量的研究集中于“国家的权力和权威流散至哪些行为体以及如何使全球治理更具合法性并负更多责任”的问题上，由此又不经意回到了其试图超越的以国家为中心的分析框架之中。为解决这一问题，全球治理研究应当有意识地从对治理行为体的广泛关注适当地转向对治理过

---

① 俞可平主编《全球化：全球治理》，社会科学文献出版社，2003，第56～58页；Martin Hewson and Timothy J. Sinclair, eds., *Approaches to Global Governance Theory*, Albany: State University of New York Press, 1999, pp. 293－295.

② Olivier Charnoz et al., *Local Politics*, *Global Impacts*: *Steps to a Multi－disciplinary Analysis of Scales*, London and New York: Routledge, 2016, pp. 3－4.

程和治理方式的关注。这样一来，权威从国家行为体流散至非国家行为体这一经典论述的零和性就可以得到弱化，继而为探析治理过程中各种治理行为体围绕共同的目标所采取不同治理方式的互补性开辟空间。①

与“碎片一体化”相比，如果将“全球地方化”作为全球化和全球治理的研究起点将具有如下不同的优势。第一，全球地方化对全球化和地方化之间互动的具体分析使地方在全球化中的主体性和能动性得以回归，不同层次的行为体在全球治理中的平等参与者的身份和地位继而得到了强化。这为研究不同层次中的不同行为体在全球治理中的相互合作提供了更为坚实的本体论基础。第二，基于碎片一体化这一结果的判断，全球治理中的单位——权威领域得以明确，而基于全球地方化这一过程的描述，全球治理中不同单位之间的互动关系，而不是单位本身，便成了研究的重点内容。总之，基于全球地方化的本体论认知，全球治理研究将会更多关注以共同治理目标为导向的多层协作的过程，而非单一行为体的治理能力及其治理成效。

第二节　全球地方主义的治理对象：具有全球地方性的公共事务

具有全球地方性的公共事务是全球地方主义的治理对象。在全球治理的相关文献中，有学者使用“全球地方的”一词来描述气候现象结合了全球性和地方性的特征。② 事实上，在全球化时代，除了气候问题，诸多领域内的国内事务均日益上升到全球层次。与此同时，许多全球问题也都具有深刻的国内根源，如可持续发展问题、

① Ole Jacob Sending and Iver B. Neumann, “Governance to Governmentality: Analyzing NGOs, States, and Power”, *International Studies Quarterly*, Vol. 50, No. 3, 2006, pp. 655 – 658.

② Joyeeta Gupta et al., “Climate Change: A ‘Glocal’ Problem Requiring ‘Glocal’ Action”, *Journal of Integrative Environmental Sciences*, Vol. 4, No. 3, 2007, p. 144.

贫困问题、跨国犯罪问题和恐怖主义问题等，这些全球公共事务打破了国家主权和领土边界的限制，已经成为全球治理的重要议题。[①]全球公共事务是多中心的、分散的。它并不分散于各个民族国家，而是以不同的事务为中心分散于全球不同地区、国家、地方或社群。[②]由于这些全球公共事务既存在于全球空间，又“镶嵌”在地方情境中，在全球层次体现出普遍性的同时又在地方层次体现出特殊性，即拥有全球性和地方性的双重性质，本书将其称为全球地方性。也可以说，地方性是全球公共事务在在地场所所表现出来的性质。

一　全球地方性的表现

在全球性问题中添加地方性的意义在于揭示了全球公共事务具有多层性、综合性和人文性的特征。第一，全球公共事务同时存在于多个纵向层次，主要包括全球层次、国家层次和地方层次等，体现出多层性。地方性是一个具有相对性的概念。地方性通常是在与外界力量的对比中才能得到界定。地方性还是一个具有伸缩性的概念。地方性的具体含义会随着对比尺度的不同而调整。不论是一种文明还是一个民族国家都可以具有自身的地方性，一个国家内部的不同行政地理范围也可以具有自身的地方性，一个社区、一个村落、一个巷弄仍然可以宣称自身的地方性。而且，尺度范围越小，地方性往往越具体，与外界的边界越能够清晰地得到辨认，尺度范围越大，地方性往往越泛化，与外界的边界就越模糊。[③] 因此对于一个特

---

① 蔡拓：《全球治理与国家治理：当代中国两大战略考量》，《中国社会科学》2016年第6期，第8页；薛澜、俞晗之：《迈向公共管理范式的全球治理——基于“问题—主体—机制”框架的分析》，《中国社会科学》2015年第11期，第87～88页；王乐夫、刘亚平：《国际公共管理的新趋势：全球治理》，《学术研究》2003年第3期，第54页。

② 王乐夫、刘亚平：《国际公共管理的新趋势：全球治理》，《学术研究》2003年第3期，第56页。

③ 杨弘任：《何谓在地性?：从地方知识与在地范畴出发》，台湾《思与言》2011年第4期，第6页。

定议题而言，其越是广泛地存在于小范围的地方之中，其地方性就越能鲜明地体现出来。

第二，全球公共事务的不同议题之间具有横向关联，体现出综合性。在地方的语境中，各种事务之间往往是彼此关联的，进而构成了一个具有系统性和复杂性的综合体。任何特定的地域内都有其各自不同的历史文化传统、生态地理环境、经济发展情况、政治统治形式以及社会风俗习惯等。因此，任何一个在全球层次抽象和独立的议题“下沉”到地方层次，都会与当地的政治、社会、经济、文化、地理等因素产生联系，从而拥有许多不同的附属维度，失去了其在“流的空间”中的纯粹性、抽象性和普遍性，而在“地域的空间”中被复杂化、具体化和特殊化了。因此，地方的整体环境决定了地方之中不同议题之间相互关联的具体方式。不同议题的复杂程度是存在差异的。而对一个特定议题而言，其本身与其他议题之间的联系越密切，其地方性也会越突出。

第三，全球公共事务与公众日常生活息息相关，体现出人文性。全球治理是以维护全人类的根本利益和整体利益为目标的。但是，每个人都生活在地方。在地方中，人们获得了直接、真实和深层的体验。① 地方性正是由当地人所建构并为当地生活服务的。② 在流动而变幻不居的全球情境下，每个人的生命意义指向终究还须以地方为依归。全球空间更趋近于一个纯粹物理性的空间，而非人类情感依赖的空间。也正因此，虽然世界正日益成为一个地球村，但我们对于自己是“地球人”或“世界公民”的认同感和归属感仍十分欠缺。这导致个人对全球议题的治理主体意识相对淡薄，倾向于将自己看作治理被动接受者。而强调全球议题的地方性，有助于加强全

① 陈重成：《全球化语境下的本土化论述形式：建构多元地方感的彩虹文化》，台湾《远景基金会季刊》2010 年第 4 期，第 44 页、第 50 页。

② 成伯清：《全球化与现代性的关系之辨——从地方性的角度看》，《浙江学刊》2005 年第 2 期，第 164 页。

球公共事务与公众日常生活之间的联系，激发公众参与全球治理的主体意识。而对于一个特定议题而言，其本身对公众的日常生活影响越直接，就会越充分地体现出地方性。

综上所述，全球公共事务的全球地方性具体体现为其具有多层性、综合性和人文性。全球地方性的提出为研究全球公共事务添加了新的角度，使我们得以更加全面地对其进行理解和分析。将任何一个全球公共事务仅看成全球性或地方性的，都无法对其进行有效的治理。例如疾病传播问题，它可以从一个国家内部传播到全球范围，且如果任何一个国家内部控制不力，都无法完全解除其全球性威胁。又如饥饿和贫困问题，虽然它们在全球范围广泛存在，但是在不同国家和地区都具有不同的成因和影响，仅靠国际组织的应对和帮助，无法提供全面而有效的解决方案。但是，在世界由主权国家构成且不存在世界政府的情况下，当前对于同一个全球公共事务，全球性的治理和地方性的治理往往是相互区隔的，而这只能导致治理实践的困境。[①] 为改善这一状况，全球治理不应只强调全球层次的治理，而是应该探索多层次的协同治理。

二　应对全球地方性——地方政府和地方治理机制

既有的全球治理着重强调全球公共事务的全球性，导致全球治理将关注点聚焦在全球层次的治理上，这继而使国家成了全球治理中的最大的乃至唯一的责任方和最重要的研究对象。但事实上，全球问题并不仅仅是国家面临的问题，同时是每个生活在地球上的人共同面临的问题，这在气候变化问题上表现得最为明显。全球治理需要全球共同行动，既不能依靠单一的行为体，也不能依靠单一的机制。其一，全球问题跨越国家边界，因此全球治理不能依靠任何

① 蔡拓：《全球治理与国家治理：当代中国两大战略考量》，《中国社会科学》2016年第6期，第8页。

一个单独的国家，而是需要广泛的国际合作。其二，全球治理之所以兴起，正是因为在全球化时代国家权力的转移和流散已经导致其无法单独应对全球化带来的种种问题和挑战。民族国家在上面遭到地区和全球组织的挑战，在下面遭到武装分子的挑战，在侧面遭到非政府组织和跨国公司的挑战。国家垄断治理的时代已经一去不复返了。各种非国家行为体同时大量涌现。[①] 因此，全球治理已无法仅仅依靠国际机制来得到成功的实施，跨国机制是全球治理中的重要构成部分。

而对于全球公共事务地方性的治理，地方政府[②]作为一个全球治理中的新兴行为体正发挥日益重要的作用。自 20 世纪 70 年代以来，随着世界各国呈现出分权化的发展趋势，地方政府获得了管理地方事务越来越大的权力和责任。在全球化和地方化并行发展的今天，地方政府不仅需要为保障当地人的日常生活提供基本的公共服务，而且发挥着促进行政辖区内社会经济等各方面发展的重要功能。[③] 在全球治理中，地方政府的小规模治理在规避集体行动的困境、促进社会资本形成等方面具有独特的优势。因此，作为全球治理的主体之一，地方政府有望从为全球治理增加地方层次、基于地方整体环境进行适应性治理以及直接服务当地居民生产生活三个方面有效回应全球公共事务全球地方性的多层性、综合性和人文性三个维度。

但是，在全球治理中，地方政府往往面临着难以超越既有地方议程、不具备充分自主性和全球影响力有限的问题。当前，已经有

① 潘忠岐：《国际政治学理论解析》，上海人民出版社，2015，第 310 页。

② 所谓地方政府，指的就是“那些只在一国局部领土上行使管辖权的政府，即所有在中央政府以下的各级政府。它包括了单一制国家中的各级地方政府、联邦制国家中的联邦成员单位以及州省以下的各级地方政府”。引自朱天祥《多层全球治理：地区间与次国家层次的意义》，《国际关系研究》2014 年第 1 期，第 49 页。

③ 陈志敏：《全球多层治理中地方政府与国际组织的相互关系研究》，《国际观察》2008 年第 6 期，第 6 页。

越来越多的地方政府通过加入跨国城市网络[①]的方式来参与全球治理。地方政府以跨国城市网络为平台参与全球治理，与地方政府直接参与全球治理存在诸多不同。地方政府是一个行为体/参与者（actor)，而跨国城市网络是一种治理机制（regime）。在全球治理中，地方政府不仅缺乏承担责任的内生动力，面临集体行动的困境，而且其单独的行动对全球性问题也难以产生实质性影响。跨国城市网络致力于提升城市的治理能力，在尊重地方诉求和条件的同时又具有全球视野和目标，促进了城市集体身份的形成和期望的汇聚，因此其在一定程度上为地方政府在全球治理中超越自身议程提供了可能。同时，跨国城市网络所搭建的机制平台能够促进城市间的信息共享和相互交流，便利了城市之间的横向联系，为地方政府提供了可以独立于国家政府发挥作用的途径。此外，跨国城市网络促进了各类地方政府在全球治理中的广泛参与，有利于地方政府在全球治理中发挥集合优势并获得全球影响力。因此，地方政府仅仅是全球治理中的行为体/参与者，但是跨国城市网络却可以发挥促进者（facilitator）的作用。[②]

需要特别说明的是，在全球治理的研究中，治理主体、治理行为体和治理机制的概念之间往往存在着交叉和杂糅。治理主体一般包括：1）各国政府、政府部门及次国家政府；2）国际组织，如联合国、世界银行、世界贸易组织、国际货币基金组织等；3）跨国组

---

① 需要注意的是，跨国城市网络中的“城市”是一个相对于封闭而落后的乡村的概念，凸显的是其开放和发达的特性。由于各国地方政府的政治机构构成的不同，城市又在全球范围内具有最高的同质性，跨国城市网络中通常使用城市一词宽泛而灵活地统一指代自愿加入网络的低于国家的次级地理辖区。参见《全球市长盟约组织通用报告框架》，第5页，https://www.globalcovenantofmayors.org/wp-content/uploads/2019/07/Data-TWG_Reporting-Framework_website_FINAL-CH-16APR2019.pdf。

② Jeroen van der Heijden, Harriet Bulkeley and Chiara Certomà, eds., *Urban Climate Politics-Agency and Empowerment*, Cambridge: Cambridge University Press, 2019, p. 23.

织（如全球市民社会组织、地方政府网络和商业网络）。[①] 它们又往往被统称为全球治理中的行为体。机制是指特定议题领域内一系列原则、规范、规则和决策程序，它们汇聚了有关行为体的期望。大多数机制都集中在具体的组织和协议上。[②] 全球机制（global regime）在全球治理中处于核心的地位，因为没有一套能够为全人类共同遵守、确实对全球公民都具有约束力的普遍规范，全球治理便无从说起。[③] 行为体是机制的创造者和实施者，但是机制一旦形成就具有了独立性、权威性和约束性，会反过来影响行为体的行为选择。在下文中，当强调作为参与者的国家和城市的时候，使用治理行为体一词，而强调全球协定及其衍生机制和由地方政府自发构成的跨国城市网络所采取的不同治理方式的时候，使用治理机制一词。而在使用治理主体一词时则不做治理行为体和治理机制的刻意区分。

第三节　全球地方主义的治理理念：通向多层次、适应性和参与式的治理

在全球地方化和全球地方性相关认知的基础上，全球地方主义旨在为我们提供全球化时代的行动指南。在全球治理领域中，全球地方主义的相关论述散见于少数政策和学术研究之中。例如，欧盟委员会官方网站上指出，"全球地方化治理"（glocalisation of governance）的趋势日益明显，即全球标准和规则需要适应于地方的具体情况，而地方发展也会促进全球规则的形成。[④] 这一阐述基于欧盟多

---

① 俞可平：《全球治理引论》，《马克思主义与现实》2002 年第 1 期，第 25 页、第 32 页。

② Kenneth W. Abbott, "Strengthening the Transnational Regime Complex for Climate Change", *Transnational Environmental Law*, Vol. 3, No. 4, 2013, p. 8.

③ 俞可平：《全球治理引论》，《马克思主义与现实》2002 年第 1 期，第 25 页。

④ 参见欧盟委员会网站，https://ec.europa.eu/knowledge4policy/foresight/topic/increasing－influence－new－governing－systems/glocalisation-governanceen。

层治理思想和实践的发展，指出了全球治理应具有适应性、突出了地方层次治理的重要作用并揭示了在全球治理中全球层次与地方层次之间彼此连通和相互影响的双向互动过程。还有学者将“全球地方的治理”解释为以城市为载体将市民与全球公共政策联系起来的政治安排或纵向纽带，并认为它扩大了政治进程，超越了因领土边界所造成的民主门槛，提高了全球治理的问责性、透明度和合法性，进而推进了世界性民主。① 这一理解从肯定城市行为体的特殊作用、强调市民社会的参与以及探寻全球和地方共同利益的角度丰富了全球地方主义的内涵。

本书将全球地方主义的含义概括为倡导通过全球机制和地方机制之间的有效协作来治理全球公共事务的理念及相关实践。治理理念是治理主体的世界观在治理问题上的反映，也即治理主体的治理观。治理理念在治理活动中居于统摄和核心地位，治理主体如何设定治理价值、如何看待（接受抑或排斥）其他治理主体、如何制定治理规则、如何设置治理绩效的评估依据等都要受到治理理念的影响。治理活动本身也带有治理主体的治理理念的烙印。② 与多层次治理和多中心治理一样，全球地方主义也将全球治理视为一个包含多元主体在内的动态进化的治理体系。在此基础上，全球地方主义明确地以全球机制和地方机制之间的互动合作为核心内涵。本章以当今世界的全球地方化和公共事务的全球地方性为依据，相应地提出了全球地方主义的目标指向，即通向多层次、适应性和参与式的治理。

一　全球地方主义主张完善多层次治理

多层次治理理论强调在超国家、国家和地方等不同政府层次之

① Dan Koon-hong Chan, “City Diplomacy and ‘Glocal’ Governance: Revitalizing Cosmopolitan Democracy”, *Innovation: The European Journal of Social Science Research*, Vol. 29, No. 2, 2016, pp. 134 - 160.

② 毕海东、钮维敢：《全球治理转型与中国责任》，《世界经济与政治论坛》2016 年第 4 期，第 128 页。

间的持续互动与协作关系。多层次理论虽然源于欧洲的实践和经验，但也在一定程度上反映了全球一般趋势，因此可以和全球治理理论相结合，从而形成一个全球多层治理的分析框架。[①] 然而，虽然学术界对全球治理的多层性拥有共识，但具体到有哪些层次乃至如何界定这些层次却存在着众说纷纭和模糊不清的状况。[②] 但可以肯定的是，欧盟多层治理理论正式将“次国家”视为独立的“层次”去研究，肯定了次国家行为体积极参与治理的能力和作用，为全球地方主义研究奠定了重要的基础。[③] 随着多层次治理研究的推进，不同层次中的非政府行为体也被纳入到多层次治理的研究框架之中。但是，虽然在全球治理中存在众多的行为体，但政府无疑自始至终都是最重要的行为体。政府拥有更大的公共权力，可以调动更多的资源，并事实上正在通过转变定位与职能而成为治理事务的总体协调者。[④]

鉴于全球治理具有议题依赖属性，全球多层治理的研究应该首先区分不同的议题领域，不能笼统地以行政辖区级别作为划分治理层次的标准和依据。全球多层治理和欧盟多层治理的一个重要区别在于，全球治理层次中不存在一个像欧盟一样具有相当合法性的超国家机构。虽然联合国在全球治理中发挥着十分重要的作用，但是全球治理仍是以治理特定议题为导向组织起来的，各不同的领域治理之间表现出松散耦合的关系特征。

单一的国家和地方政府行为体本身不能构成全球治理中的治理

① 陈志敏：《全球多层治理中地方政府与国际组织的相互关系研究》，《国际观察》2008 年第 6 期，第 8 页。

② 朱天祥：《多层全球治理：地区间与次国家层次的意义》，《国际关系研究》2014 年第 1 期，第 41 页。

③ 张鹏：《层层分析方法：演进、不足与启示——一种基于欧盟多层治理的反思》，《欧洲研究》2011 年第 5 期，第 109 页；刘文秀、汪曙申：《欧洲联盟多层治理的理论与实践》，《中国人民大学学报》2005 年第 4 期，第 125 页。

④ 朱天祥：《多层全球治理：地区间与次国家层次的意义》，《国际关系研究》2014 年第 1 期，第 49 页。

层次，全球多层治理是以不同层次中基于议题的专门治理机制为载体负责实施的。单一的国家和地方政府实施的是针对其管辖范围的综合治理，并非针对某一特定议题的专门治理。对国家和地方政府而言，各个治理领域之间并不是松散耦合的，在参与全球治理时，它们仍须首先接受政府的集中领导。而且，单一的国家或地方政府在面对全球公共事务时仅具有有限理性，如果缺乏必要的组织和机制，它们很可能会面临集体行动的难题，实际上是无法构成全球治理中的任何治理层次的。而专门治理机制中则包含了一系列隐含或明示的原则、规范、规则和决策程序，它们聚集在某个议题领域内。行为体围绕专门治理机制形成相互预期。行为体既是机制的创造者，也受到机制的制约。①

综上所述，虽然分布于不同治理层次中专门治理机制数量众多、类型多样，但是由政府性行为体构成的专门治理机制是全球多层治理的最重要载体。因此，全球地方主义认为，国家间通过谈判达成的全球协定及其衍生机制和由来自不同国家的地方政府自发构成的跨国城市网络分别是全球治理层次和地方治理层次中的最重要治理机制，前者属于全球机制，后者属于地方机制，共同构成了全球地方主义主要实践载体（见图 1－1）。值得一提的是，并非所有全球治理议题领域中都存在多层次治理。跨国城市网络，尤其是全球性和专门性的跨国城市网络作为地方机制的建立，在很大程度上标志着某一议题领域治理中地方治理层次的开始形成。

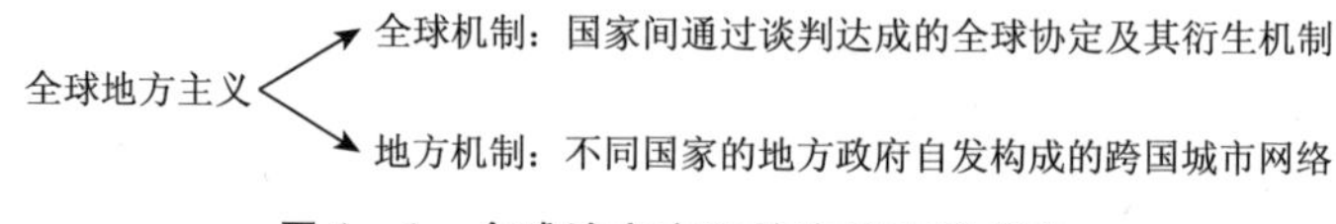

图 1－1　全球地方主义的主要实践载体

需要进一步说明的是，其一，本书所使用的“全球机制”并不

① Kenneth W. Abbott, “Strengthening the Transnational Regime Complex for Climate Change”, *Transnational Environmental Law*, Vol. 3, No. 4, 2013, p. 8.

等同于国际机制。在特定的议题领域中，可能存在着众多的国际机制，并且可以根据不同的标准分为全球模式和俱乐部模式等不同的类型。[①] 此外，国际机制之间往往具有非正式性的等级关系，并存在着遵从现象以实现机制协调。[②] 而本书所使用的“全球机制”一词特指在某一议题领域中拥有最广泛国家授权、能够制定具有普遍约束力的规则并在该领域内最具权威性的国际机制。例如，全球金融治理领域中的国际货币基金组织（根据《国际货币基金协定》成立）、国际贸易治理领域中的世界贸易组织（其前身为《关税及贸易总协定》），以及世界卫生治理领域中的世界卫生组织（根据《世界卫生组织组织法》成立）。因此，全球机制一定是国际机制，但是国际机制不一定是全球机制。

其二，跨国城市网络之所以是地方治理层次的主要载体，能够在全球公共事务中发挥作用，主要基于以下两点原因。第一，从实践的角度看，城市不仅是全球人口和财富的聚集地，也是文明和创新的代名词。城市群的行动本身在全球具有很大的权重，而且城市的政策措施是具有实验性、创新性和示范性的。跨国城市网络促进了这些知识和经验的流通、扩散和整合，提升了城市的治理能力，展现了城市行动的集体力量。因此，跨国城市网络为城市赋予或增添了全球性意义。第二，从地理的角度看，跨国城市网络的影响范围是超出其城市成员行政区域所辖地理范围的总和的。城市具有超越行政区域边界的地域职能。人类正迈向城市化的世界，不仅是由于地球居民主要聚居于城市地带，而且是由于城市对于其周边的乡村地区具有一定的辐射和带动作用。乡村地区也日益成为以城市为

① 高程：《从规则视角看美国重构国际秩序的战略调整》，《世界政治与经济》2013年第12期，第89页。

② Tyler Pratt, “Deference and Hierarchy in International Regime Complexes”, *International Organization*, Vol. 72, No. 3, 2018, p. 14.

中心形成的经济、政治、文化及通信系统的一部分。[①] 因此，跨国城市网络的影响力也是可以间接地延伸至乡村地区的。有效的城市区域和大都市规划，可以鼓励不同规模的乡镇县市在城市化带来的聚集效益基础上，积极参与和共同促进资源共享与创新，乃至于增进跨地域乡村地区间的互动和协同效益。[②]

对于同一议题领域内的全球机制和地方机制的关系，还有以下三点需要说明。第一，全球机制和地方机制的治理对象是相同的。全球地方主义中所认为的全球多层治理是以议题领域下全球治理层次和地方治理层次中专门治理机制的形成为标志的。这区别于以往认为全球多层治理中包含全球层次、国家层次和地方层次的划分方式。这种议题领域下的多层次治理确保了全球治理层次和地方治理层次拥有一致的治理对象，且该治理对象不会被各种形式的边界划分所分割开来。鉴于在各种议题领域中，全球机制作为治理的核心机制往往最先发展起来，因此地方机制的建立和发展成了判断多层次治理是否形成的关键所在。现实中，各个议题领域中地方治理层次的发展情况都有所差异。但可以肯定的是，不论是传染病、气候变暖还是跨国犯罪，全球议题往往都具有地方性的源头和表现，所涉及的地方政府也都各自持续性地对此加以治理。地方政府不仅是全球治理中的被动执行者，更是全球治理中的自主实践者。因此，全球治理中的地方治理层次具有一定的发展潜力。

第二，全球机制与地方机制处于持续的互动合作之中。全球机制和地方机制之间不是基于权力或权威大小的等级关系，而是基于治理议题所涉范畴的协作关系。[③] 全球机制和地方机制之间在治理过

① 〔西〕若尔迪·博尔哈、〔美〕曼纽尔·卡斯泰尔等：《本土化与全球化：信息时代的城市管理》，姜杰、胡艳蕾、魏述杰译，北京大学出版社，2008，第1页。

② 《公私合作促进绿色生活，创建宜居的城乡地区》，ICLEI东亚秘书处网站，http://eastasia. iclei. org/new/latest/796. html。

③ 朱天祥：《多层全球治理：地区间与次国家层次的意义》，《国际关系研究》2014年第1期，第45页。

程中是相互影响和相互渗透的。在同一议题领域，全球层次的治理会影响地方层次的治理，同时地方层次的治理也会反作用于全球层次的治理。这首先要归功于全球化所形成的“时空压缩”（compression of time and space）效应，它起了一种“距离的消失”以及“去偏远化”的作用，远地的重大事件可能对本地生活造成直接且即时的影响，本地的活动亦可能对远处某地人们的生活造成联动性影响，这让世人体认到全球与地方之间是一种对话和相互渗透的关系。[①] 地方虽然具有边界性，却与外界处于不断的联系之中。因此，地方性并非意味着封闭性和静态性，而是具有开放性和动态性。[②] 地方政府在全球治理中具有自主性、积极性和能动性。在此基础上，全球治理中的地方机制还集合了地方政府的力量，全球治理层次和地方治理层次之间由此会发生直接的双向互动。但值得注意的是，全球治理层次和地方治理层次之间的相互作用并非完全对等。地方治理层次需要经过一个不断发展完善的过程。地方治理层次包含的地方政府数量越多，地方政府采取越多的相关行动，就越能增强地方治理层次对全球治理层次的影响力。

第三，全球机制与地方机制在治理方式上存在重要差别。多层治理理论和多中心治理理论都为全球地方主义的治理理念提供了重要的启示。相较于多层次治理理论强调不同治理层次之间的互动协作，多中心治理理论更强调将相互制约但具有一定独立性的规则的制定权和执行权分配给众多的管辖单位，继而以自发秩序或自主治理为基础，通过多个主体的多种治理手段来治理公共事务，其意义和优势在于能够在所有人都面对“搭便车”、规避责任或其他机会主义行为诱惑的情况下，取得持久的共同收益，从而在一定程度上解

① 曾春满：《全球在地化与地方治理发展模式：浙江台州个案研究》，台湾致知学术出版社，2013，第 76 页。

② 钱俊希、钱丽芸、朱竑：《“全球的地方感”理论述评与广州案例解读》，《人文地理》2011 年第 6 期，第 42 页。

决了公共事务治理的困境。① 此外，多中心治理理论总体上强调决策中心的下移，即基于“地方性”的知识和信息决策的有效性。② 本书借鉴多中心治理理论的观点，不仅从增加治理层次的角度，而且从创新治理方式的角度来对研究对象加以考察，承认地方机制自主治理的重要价值和实验性治理的益处。相较于全球机制直接以全球共同利益为目标和导向，主要遵循“自上而下”的治理路径，地方机制仍需以促进地方利益为基础和优先，主要遵循“自下而上”的治理路径。而全球地方主义在实践中可以通过两者之间的互动和协作将“自上而下”的治理方式与“自下而上”的治理方式结合起来，使地方机制在治理方式上与全球机制形成互补，为全球治理注入新的活力。

总之，全球地方主义强调多层次治理，跨越了国家的领土和主权限制，打破了国内事务与国际事务之间的界限。这顺应了针对全球公共事务的治理需要打破全球价值观与国家价值观、全球利益与国家利益甚至是全球治理与国家治理之间的对立性的诉求。全球地方主义虽然重视地方机制的重要作用，但同时并不否认全球机制的核心作用。相反，全球地方主义的实践需要全球机制和各个国家为其提供最重要的政策和制度支持。

二 全球地方主义注重发展适应性治理

适应性治理（adaptive governance）针对复杂系统中公共事务的治理而设计，是指通过协调环境、经济和社会之间的相互关系来建

① 孙莉莉、孙远太：《多中心治理：中国农村公共事物的治理之道》，《中国发展》2007 年第 2 期，第 88 ~ 90 页；郝亮、陈劭锋、刘扬：《新时期我国可持续发展的治理机制研究》，《科技促进发展》2018 年第 Z1 期，第 24 页；高轩、神克洋：《埃莉诺·奥斯特罗姆自主治理理论述评》，《中国矿业大学学报》（社会科学版）2009 年第 2 期，第 74 页。

② 张恩、高鹏程：《城市治理中的多中心治理与整体性治理理论——以中国超大城市人口治理论争为例》，《国家治理现代化研究》2020 年第 1 期，第 68 页。

立韧性管理策略、调节复杂自适应系统的状态，从而应对非线性变化、不确定性和复杂性的理论。这对公共资源的可持续利用有重要的意义。[①] 适应性治理强调分散的决策结构、灵活的制度安排和边学边做的治理策略。分散的决策结构使得庞大而复杂的问题可以被分解成许多更小的问题，使之在科学和政策上更容易处理，在更小的群体中同时和单独解决。因此，适应性治理常在地方层面上实施。灵活的制度安排的目的是对实地的差异和变化能够做出积极的反应，在尊重地方情境和融合地方知识的基础上，寻求最匹配的方案进行"属性治理"，从而提升政策的可行性。[②] 边学边做可以方便在面临预测难题的情况下进行调整，这种不确定性源于复杂的系统和有限的认知。在这种治理理念下，计划达成的预期目标和时间表是次要的，而对于向长期目标迈进的渐进步骤的持续性评估是首要的。[③]

适应性治理有利于全球治理中不同治理领域之间的协调问题。全球机制针对不同议题领域的治理在政策设计时往往是相对独立的，并未将更广泛的关切考虑在内。在实践当中，多数规定都会对其他议题领域产生影响。例如，过分强调解决粮食安全很可能导致水资源短缺加剧，最终使包括粮食安全在内的所有问题都趋于恶化。[④] WTO 在促进国际贸易自由化的同时，并未考虑到对健康和环境领域的不利影响。[⑤] 虽然可持续发展在 UNFCCC、《京都议定书》和《巴

---

① 宋爽、王帅、傅伯杰等：《社会—生态系统适应性治理研究进展与展望》，《地理学报》2019 年第 11 期，第 2402 页；张克中：《公共治理之道：埃莉诺·奥斯特罗姆理论述评》，《政治学研究》2009 年第 6 期，第 88 页。

② Ronald D. Brunner and Amanda H. Lynch, *Adaptive Governance and Climate Change*, Boston: American Meteorological Society, 2010, p. 5；辛璄怡、于水：《主体多元、权力交织与乡村适应性治理》，《求实》2020 年第 2 期，第 92 页。

③ Ronald D. Brunner and Amanda H. Lynch, *Adaptive Governance and Climate Change*, Boston: American Meteorological Society, 2010, pp. 211 - 235.

④ 汤伟：《全球治理的新变化：从国际体系向全球体系的过渡》，《国际关系研究》2013 年第 4 期，第 44 ~ 45 页。

⑤ Michael Zürn, *A Theory of Global Governance: Authority, Legitimacy and Contestation*, Oxford: Oxford University Press, 2018, pp. 56 - 57.

黎协定》等重要国际协定中都有所提及，社会经济的分析在 IPCC 的评估报告中也变得日益重要，同时气候变化问题也是历来联合国可持续发展议程中的重要内容，但这并不代表气候治理和社会经济发展之间的矛盾在全球层面拥有了解决方案。[①] 在不存在世界政府的情况下，强调分散的决策结构、灵活的制度安排和边学边做的治理策略的适应性治理可以为上述问题之间的协调提供很好的解决途径。

适应性治理有助于理顺全球治理和国内治理之间的关系。事实上，只有采取适应性治理，即全球治理的政策措施也只有在适应本土情境的时候，才能具备可行性并产生积极的治理效果。其原因包括两点。其一，国内治理相较于全球治理具有优先性。国内治理之所以重要是因为在当今世界民族国家拥有终极的合法性、最强大的治理能力和绝对的自主性。当国家成为一个国际组织的成员时，会将合法性有限地传递给该组织。[②] 虽然一些国际组织越来越具有独立的倾向，但是仍然有赖于国家的授权并处于国家持续的监督之中。国家之所以遵守国际机构的规定更多的是为了获得良好的服务，而非出于责任所迫。[③] 如果以完全意义上实施政治统治的宪政体制作为参照，那么，缺乏元权威的协调和适当的分权，以及议题领域之间的松散耦合正是产生全球治理合法性危机的原因。[④] 许多专门性的国际组织仅仅负责各自不同的领域，与成员国内各个专业部门一一对应，使国际关系形成了一种所谓的“业际关系”或“部门际关系”。[⑤] 但是全球公共事务是具有综合性的，由于世界政府的缺失，

---

① Michael Zürn, *A Theory of Global Governance*: *Authority*, *Legitimacy and Contestation*, Oxford: Oxford University Press, 2018, p. 20.

② 陈家刚主编《全球治理：概念与理论》，中央编译出版社，2017，第 59 页。

③ Michael Zürn, *A Theory of Global Governance*: *Authority*, *Legitimacy and Contestation*, Oxford: Oxford University Press, 2018, p. 48.

④ Michael Zürn, *A Theory of Global Governance*: *Authority*, *Legitimacy and Contestation*, Oxford: Oxford University Press, 2018, p. 38.

⑤ 朱景文：《全球化是去国家化吗？——兼论全球治理中的国际组织、非政府组织和国家》，《法制与社会发展》2010 年第 6 期，第 100 页。

处理议题之间横向关联这一复杂问题仍须最终通过一国内部的综合治理才能加以解决。

其二，全球治理和国内治理的协调性不足导致全球治理举步维艰。全球治理的对象被认为是单靠有限的国家理性无法解决的全球问题，并明确要求以全球价值观和全球共同利益为出发点。因此，当前的全球治理机制中的绝大多数属于外部或替代治理机制，能够深入到国家内部监管的深度治理制度却几乎空白。[①] 国内政策环境与优先议程并不在全球治理的考虑范围之内，这造成了全球治理和国内治理的割裂甚至是对立。而且，国家拥有的是统治型权威，所实施的治理是一种整体治理，它统筹协调国内不同的领域，允许牺牲部分领域、地域和特定群体为代价而推进国家的整体发展。鉴于国际力量对比和国内政策环境的不断变化，为进行全球治理而达成的国际协定很可能会成为国家实现自身均衡发展和应对国际竞争的外在约束，进而促使国家在某些已授权的领域拿回控制权。[②] 但这种情况的出现并不能简单地归结为全球治理的倒退、主权国家组织形式的落后和国内利益的狭隘，而是在提示我们应该在客观地承认主权国家的独立性和国内利益的合理性的基础上反思和调整全球治理既有的治理理念和方式。

若想将全球治理延伸至国家内部，适应性治理是一把“钥匙”。适应性治理是以尊重本土环境和条件为前提和基础的。在各个国家和地方政府积极参与全球治理的同时，全球治理的实施也需要更加主动和灵活地适应当地实践要求。这符合全球治理强调各行为主体之间的合作、协商、伙伴关系，倡导通过确立相互认同和共同的目

① 张胜军：《全球深度治理的目标与前景》，《世界经济与政治》2013 年第 4 期，第 59 页。

② Michael Zürn, *A Theory of Global Governance: Authority, Legitimacy and Contestation*, Oxford: Oxford University Press, 2018, p. 134.

标等方式对全球公共事务实施管理的精神。[①] 全球地方主义认为，全球治理应该承认而不是压制地方的特殊利益和诉求。只有当全球治理的政策措施顺应而不是违背国内利益的时候其才能具备现实可行性。因此，鉴于地方在全球治理政策落实环节中的重要作用，全球地方主义主张打开国家的黑箱，将国家之间的战略竞争和利益博弈搁置在一旁，在地方治理层次开辟适应性治理的新途径，即以务实的精神将地方特殊的利益诉求和优先议程视为全球治理的合理关切，以充分尊重地方政府的自愿性和自主性为前提，主动地寻求全球利益和地方利益的交汇点和全球治理的适当切入点。对此，跨国城市网络作为地方机制将在开展适应性治理方面发挥重要的作用。

三　全球地方主义倡导加强参与式治理

参与式治理（participatory governance）是一种在全球范围内广泛兴起的新型治理模式。参与式治理的核心观点认为公民应当被赋予参与公共事务治理的主体资格，直接参与与其利益相关的公共事务，从而维护公民权益，提高治理绩效，增进公共利益。参与式治理一方面要求公民认识到自身将受到相关政策的直接影响，具有参与治理的主观意愿；另一方面要求治理机制中存在能够容纳和输送公民声音的合理有效通道，提供参与治理的客观途径。参与式治理的治理理念不仅是地方治理变道的新趋向，同样也有利于国家治理和全球治理的完善。[②] 但是，相较于地方治理和国家治理，全球治理中由于缺乏成熟统一的全球市民社会，从公众教育和机制设置两方面来看，参与式治理的推行和实施的难度都无疑更大。

参与式治理对于实现善治（good governance）具有重要的意义。

---

① 王乐夫、刘亚平：《国际公共管理的新趋势：全球治理》，《学术研究》2003 年第 3 期，第 56 页。

② 李波、于水：《参与式治理：一种新的治理模式》，《理论与改革》2016 年第 6 期，第 69 页。

善治实际上是国家的权力向社会的回归，善治的过程就是一个还政于民的过程。善治离不开政府，但更离不开公民。善治是政府与公民之间的积极而有成效的合作，这种合作成功与否的关键是公民是否具有参与政治管理的权力。[①]“全球治理”是“治理”理念在全球层面的拓展和运用，二者在基本原则和核心内涵上是一致的，人们总是通过理解“治理”的理念来理解“全球治理”。[②]因此，实现全球善治也是全球治理的理想所在，它既代表着各国政府间的最佳合作，也代表着全球市民社会之间的最佳合作。[③]

全球地方主义倡导通过公众广泛的参与和社会资本的积累来推动全球治理的发展。全球治理的成功实施与一个健全的全球市民社会是相辅相成的。[④]而市民社会最重要的政治内涵就是公民在政治生活中的参与行为。在长期的沟通、交往和参与的过程中，社会资本在无形中得到了积累。[⑤]社会资本是市民社会的核心，在促进国家和社会的良性互动方面发挥着重要作用，它可以帮助减轻各级政府的政策成本，是多层次治理的价值连带。[⑥]广泛的公众参与还可以推进全球治理的民主进程。民主不仅体现在法律制度中，更体现在日常参与管理现实生活中。[⑦]但是，当前市民社会常常通过利益集团网络（尤其是非政府组织）来参与全球治理，而这可能会反过来腐蚀其在

---

① 俞可平：《治理和善治引论》，《马克思主义与现实》1999 年第 5 期，第 39 ~ 40 页。

② 陈家刚主编《全球治理：概念与理论》，中央编译出版社，2017，序言。

③ 俞可平：《互信、合作与全球善治》，《北京大学校报》第 1427 期，http://pku.ih-wrm.com/index/article/articleinfo.html?doid=1565453。

④ 李波、于水：《参与式治理：一种新的治理模式》，《理论与改革》2016 年第 6 期，第 57 ~ 58 页。

⑤ 郑杭生、奂平清：《社会资本概念的意义及研究中存在的问题》，《学术界》2003 年第 6 期，第 80 ~ 81 页。

⑥ 庄贵阳、周伟铎：《非国家行为体参与和全球气候治理体系转型——城市与城市网络的角色》，《外交评论》2016 年第 3 期，第 144 页；罗兆麟：《社会资本、公民社会与治理的发展》，《法制与社会》2007 年第 5 期，第 780 页。

⑦ 高轩、神克洋：《埃莉诺·奥斯特罗姆自主治理理论述评》，《中国矿业大学学报》（社会科学版）2009 年第 2 期，第 77 页。

全球秩序中作为社会角色的合法性基础。[①]

地方政府的参与在全球地方主义倡导参与式治理的实践中尤为重要。地方政府是国家内部最接近公众的政府一级，对于调动公众的力量和发挥公众的作用，地方政府扮演着十分关键的角色。城市外交正是缘起于战争过后通过修复人民之间的感情来推动国家间和睦发展的需要。后来，国际友好城市在新的发展形势下逐渐由情感型向更加重视经济社会利益的务实型方向转变，并且展现出合作在全球治理中的作用。[②] 在全球治理中，鉴于公众往往无法有效地直接参与国际机构的决策，地方政府一方面可以通过宣传教育培养公众的参与意识，使本土居民和全球议题之间建立起密切的联系，另一方面可以以跨国城市网络为中介为当地居民搭建起参与全球治理的实践桥梁，培养本土居民对全球议题的责任感和效能感。

对于城市而言，城市管理工作的性质和目标本身决定了公众在城市管理中的主体角色。公众参与是有效实现城市管理目标的重要保障。[③] 现代化的城市管理模式提倡公众参与城市管理，这意味着应该把公众看成城市管理的积极行动者而不只是城市管理的对象，应该向公众提供参与城市管理的各种机会而不只是把他们当作被动的接受教育者，应该让公众参与城市管理决策、实施、监督的全过程而不仅仅让他们了解决策的结果。[④] 因此，城市有效参与全球治理往往能够带动公众在全球治理中参与度的提高。

城市居民是公众参与全球治理的主要群体。其原因主要有三点。第一，城市的发展水平相对更高。作为发达、开放与进步的象征，城市在全球范围内具有最高的同质性。相对于乡村，城市中的居民素质较高，市民社会的发展也更成熟。第二，城市问题与全球问题

---

① 陈家刚主编《全球治理：概念与理论》，中央编译出版社，2017，第108页。

② 赵可金、陈维：《城市外交：探寻全球都市的外交角色》，《外交评论》2013年第6期，第63页。

③ 冯刚：《城市管理公众参与研究》，光明日报出版社，2012，第2页。

④ 邵任薇：《中国城市管理中的公众参与》，《现代城市研究》2003年第2期，第7页。

高度重合。随着世界范围内城市化进程的不断加快，到2050年全球城市人口数量预计将达到世界总人口的75%。这意味着城市所面临的环境问题、人口问题、犯罪问题等同时也是全球问题。第三，城市与全球的联系非常密切。城市不仅在全球经济舞台中举足轻重，同时也是人类思想和科技的萌发地以及制定全球问题对策的中心。[①]

政治学家本杰明·巴伯认为，城市兼具地方性和全球性，因而是全球地方性的。城市能够通过参与城市间合作和未来可能设立的全球市长议会来获得全球性权力，同时又能通过让市民参与地方事务来弥合全球治理中参与和权力之间的鸿沟。城市据此应享有特殊的规范性地位。如果市长治理世界，那么超过35亿人就可以在参与当地事务的同时在全球范围内进行合作——这是一个市政全球地方性的奇迹，能够带来实用主义而非政治辩论，技术创新而非意识形态，解决方案而非主权观念。[②] 总之，城市中的居民更具有发展成为世界公民的潜质。而将世界范围内的城市联结在一起的跨国城市网络将在全球地方主义中发挥关键作用。

本章小结

在全球治理中，全球地方主义是指通过全球机制和地方机制之间的有效协作来治理全球公共事务的理念及实践。全球地方化和全球地方性是与全球地方主义紧密联系的概念。全球地方化的世界是全球地方主义产生的现实基础，而具有全球地方性的公共事务是全球地方主义的治理对象。我们生活在一个全球地方化的世界。在全球化迅速发展的时代，地方化和全球化并行不悖。地方特色从未消

---

① 张路峰：《如何面对“城市纪”——The Endless City 书评》，《建筑学报》2009年第12期，第59~60页。

② Benjamin R. Barber, *If Mayors Ruled the World: Dysfunctional Nations, Rising Cities*, New Haven & London: Yale University Press, 2013, p. 5, 320.

失，而是在全球化和地方化的互动中持续地进行自我更新。因此，相比全球化，全球地方化更为全面地描述了当今的现实世界。当前世界上出现的种种问题不仅存在于全球空间，更存在于在地场所。在全球尺度中，全球问题是普遍的和抽象的，但是在地方尺度中，全球问题是特殊的和具体的。认识到全球问题全球地方性的意义在于使全球问题的多层性、综合性和人文性重新受到重视，从而为治理全球问题拓展了新的思路。全球地方主义正是为应对全球问题的全球地方性而提出的治理理念。相对于当前既有的全球治理，全球地方主义强调地方机制在全球治理中的重要作用，并以多层次、适应性和参与式的治理为目标指向。

全球地方化、全球地方性和全球地方主义的概念分别为全球治理带来了本体论、认识论和方法论层面的启示。借助这些概念，我们得以对全球化、全球公共事务以及全球治理的方式理念产生了全新的认识和反思，并由此帮助我们在超越以国家为中心的分析框架、多层次和立体化地分析全球公共事务、打破国内治理和全球治理之间的界限方面取得一定的进展。

全球地方主义将全球治理中的地方机制纳入研究视野，并可以为分析地方机制在全球治理中的作用提供一个分析框架（见图 1－2）。其分析思路和步骤如下。第一，应首先明确所要分析的议题领域。鉴于在全球地方化的一般趋势下，不同议题全球地方性的显著程度不同，因此应首先从多层性、综合性和人文性三个维度对该议题进行具体分析，以衡量全球地方主义的治理理念对该议题治理的适用性。第二，应对全球地方性议题的需要凸显出地方政府的重要性。由于不同议题领域的地方机制的形成和发展情况不尽相同，因此应该考察该议题下地方机制的形成和发展情况。第三，根据全球地方主义的治理理念的目标和要求，从多层次治理、适应性治理和参与式治理三个方面，考察地方机制在实践中如何推动全球治理的发展和完善。

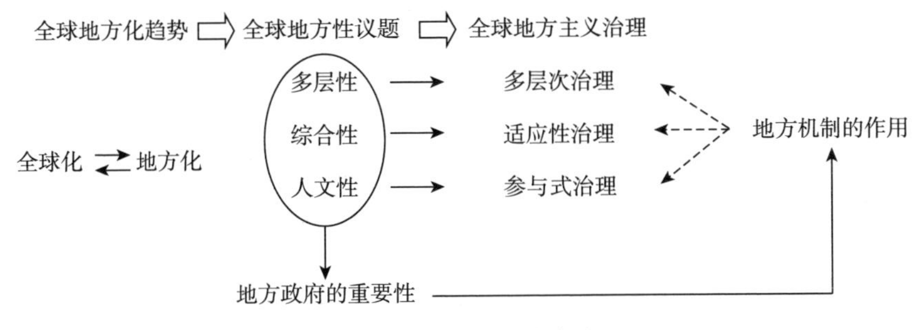

图 1－2　本书的分析框架

本书拟遵循上述步骤考察跨国城市气候网络在全球气候治理中的作用。其余的章节安排如下：第二章将分析气候问题的全球地方性；第三章将考察全球气候治理中的地方机制——跨国城市气候网络的发展情况；第四章将根据全球地方主义的治理理念，分析跨国城市气候网络在推动完善全球气候治理中所发挥的作用；第五章将考察跨国城市气候网络在全球地方主义治理中的发展前景。

全球地方主义为研究跨国城市气候网络的作用提供了重要的研究视角。其一，全球地方化的思想赋予了地方在全球化世界中的本体地位，进而凸显了城市及由其构成的跨国城市气候网络在全球气候治理中的重要性。其二，全球地方性提示我们从地方层面观察气候问题，相对于以往气候变化问题研究中对其全球性、单一性和科学性的强调，当前其多层性、综合性和人文性得以呈现出来。其三，应对气候变化问题的全球地方性需要全球地方主义的治理，而跨国城市气候网络在其中发挥着不可或缺的作用。全球地方主义认为应对全球问题的全球机制和地方机制同等重要并应该彼此协作，倡导推进多层次、适应性和参与式的治理，以此来应对气候变化问题的全球地方性。这为探索跨国城市气候网络的治理优势和特色提供了路径和指南。

第二章　气候变化问题的全球地方性分析

在全球气候治理屡次陷入僵局之后，我们需要追问的不应该仅仅是“如何才能推动全球气候治理的进展?”，而应该是“应对气候变化问题需要怎样的治理?”这一更具根本性的问题。唯有对这一问题做出回答才能为探索各种不同的治理主体在完善气候治理中发挥什么作用奠定基础。而对这一问题的回答首先需要对气候变化问题本身进行重新的分析和认识。根据第一章的内容，全球地方性议题具体表现为多层性、综合性和人文性的特征。气候变化问题可以说是全球公共事务中最具有典型性的全球地方性议题。本章将在全球地方主义治理的框架下，对气候变化问题的全球地方性进行分析，检验和揭示全球地方主义治理是否适用于或者说有助于气候变化问题的缓解和解决。

第一节　气候变化问题的多层性

气候变化所带来的影响遍及全球各个角落，但是这种影响在不同地区的表现不同，程度不一，主要取决于各地区本身的地理位置特征、经济技术条件和预先准备工作等方面的因素。就气候变化的成因而言，造成气候变化的人为原因往往来自于“各种规模更小的行为体”。①

① 〔美〕埃莉诺·奥斯特洛姆：《应对气候变化问题的多中心治理体制》，谢来辉译，《国外理论动态》2013 年第 2 期，第 81 页。

因此，气候变化不仅仅是全球层次的问题，而且同时是国家、地方和个人层次共同面临和需要共同应对的问题。如果忽略了气候变化在其他层次上的成因、影响和对策，将可能导致这些层次行为体的低责任感、低危机感和低效能感，从而仅仅将自身作为被动的治理对象而非积极的治理主体。因此，识别气候问题多层性的意义在于调动不同层次的行为体积极参与到应对气候变化的行动中来。

一　全球层次的气候变化问题

气候变化问题在全球层次可能会导致海平面升高、农作物产量下降、生物多样性丧失、自然灾害频发和人口迁徙及密度增大等问题。以海平面上升问题为例，根据 IPCC 在 2013 年发表的第五次评估报告，如果不大幅度减少温室气体排放控制全球变暖的速度，到 2050 年，将有 3 亿人面临因海平面上升所导致的洪水威胁。[①] 到 2100 年，全球水平面将升高 52cm 到 98cm，而这将导致世界上大面积陆地的消失，并严重波及重要的粮食种植区，如尼罗河三角洲等。而根据一项最新的研究显示，全球海平面上升的速度实际上远远超出了科学家过去的预测。[②]

对于此类共性的问题，没有任何一个国家能够单独予以解决。应对这些问题需要国际社会采取集体行动，积极展开国际合作。全球层次应对气候变化的机制主要是由 UNFCCC、《京都议定书》和《巴黎协定》等国际条约构成的国际气候条约体系。全球层次专门性的气候治理机制着眼于应对气候变化问题的严重性和紧迫性，为各国之间凝聚共识和共同行动提供交流和谈判的平台。但是，若想在全球层次解决气候问题，就必然会涉及规模十分庞大的群体，而这

---

① 《新研究：2050 年全球约 3 亿人将受海平面上升影响》，新华网，http://www. xinhuanet. com/world/2019 - 11/04/d125190000. htm。

② 《上海、伦敦、纽约受威胁：全球海平面上升意外加速》，BBC 中文网，https://www. bbc. com/zhongwen/simp/world - 48351911。

容易引发“搭便车”的问题，增加解决问题的难度。[①] 此外，在全球层次上，并不存在导致气候变暖的人为的直接原因，也不具有管理自然和生活资源的权力机构。全球方案是解决气候变化问题的必要方面，但是一味地强调这些共同而普遍的问题会导致解决方案的单一化和笼统化，从而降低治理方案的可行性。

二　国家层次的气候变化问题

气候变化的影响与一国的经济发展、政治稳定、社会公平、能源安全、环境质量、水和粮食供应以及人民的生命财产安全都息息相关。当前，许多国家都将应对气候变化的影响视为国家安全问题。2010 年的美国《国家安全战略报告》提到，气候变化风险是真实、紧迫和巨大的，它对地区安全和美国人民的安全构成了威胁，因此需要采取有效的行动。2013 年，日本《国家安全保障战略》明确提出将气候变化作为影响国家安全的重要课题加以考虑。[②] 更严重的是，气候变化可能会导致一些岛国和低洼地区国家的消失，如孟加拉国、巴布亚新几内亚、菲律宾、巴巴多斯、基里巴斯、埃及、图瓦卢、马尔代夫等都面临着这种威胁。这些国家相应地在全球气候治理中也表现得更为积极。

国家的工业化和经济增长模式是导致气候变暖的重要原因。同时国家层次掌握着最多应对气候变化的政策资源。国家可以通过转变经济发展方式、设立专门的机构、制定相关法律法规、开展特定的项目、投资新能源技术等来降低碳排放水平、优化空气质量。世界上许多国家都具有国家级雄心勃勃的气候对策。例如，1997 年哥斯达黎加就开始征收燃料碳排放税。到 2018 年，哥斯达黎加的电力

① 《妨碍人类应对气候变化的是什么?》，BBC 中文网，https://www.bbc.com/ukchina/simp/vert-fut-47768594。

② 刘长松、徐华清：《对气候变化与国家安全问题的几点认识与建议》，《气候战略研究简报》2017 年第 13 期，http://www.ncsc.org.cn/yjcg/zlyj/201804/P020180920508770426540.pdf。

已经有98%来自可再生能源。另外，该国还宣布要在2035年实现70%的公共汽车使用电能，在2040年将城市汽车数量减半，并在2050年实现碳中和。① 又如，2007年，中国在发展中国家中第一个制定并实施了应对气候变化国家方案。2009年，中国确定了到2020年单位国内生产总值温室气体排放比2005年下降40%～50%的行动目标并于2019年提前完成。② 今后，中国将努力在2030年前达到碳排放峰值，并争取在2060年前实现碳中和。③

但是由于气候变化问题在各个国家的影响并不均衡，表现也有所差异，因此各国在全球气候谈判中具有不同的立场，常分裂为不同的阵营。温室气体的产生主要源于煤炭和石油等化石能源的使用。因此，排放权就是发展权。任何一个国家都面临着根据不断变动的发展形势寻求节能减排与促进经济发展之间的合理平衡点这一关键挑战。④ 因此，各个国家的气候变化政策都是处于不断地调整变化之中的，这导致了国际气候治理合作的一波三折。但是，可以肯定的是，应对气候变化已经越来越成为体现国家综合国力的重要方面，这对任何一个国家而言都是一样的。⑤

三 地方层次的气候变化问题

在IPCC第五次评估报告中，城市被列为承担气候变化风险的主要区域。城市面临的主要气候风险包括气象灾害（如暴雨、台风等）

---

① 《妨碍人类应对气候变化的是什么?》，BBC中文网，https://www.bbc.com/ukchina/simp/vert-fut-47768594。

② 《中国应对气候变化的政策与行动（2011）》，中国政府网，http://www.gov.cn/zhengce/2011-11/22/content_2618563.htm；《我国提前完成2020年碳减排国际承诺》，中国政府网，http://www.gov.cn/xinwen/2019-11/28/content_5456537.htm。

③ 《中国承诺"碳中和"对全球气候行动意味着什么?》，中外对话网站，https://chinadialogue.net/zh/3/67248/。

④ 吕红星：《节能减排：新常态下经济发展新动能》，《中国经济时报》网站，http://jjsb.cet.com.cn/show_321703.html。

⑤ 秦大河：《应对全球气候变化 防御极端气候灾害》，《求是》2007年第8期，第52页。

及其引发的次生灾害（如洪水、城市内涝和用水安全问题）。[①] 城市中建设有大量的基础设施，如交通设施、供水排水系统、邮电通信设施和能源系统等。而气候变化能够直接干扰城市中基础设施网络的正常运行，继而影响到市民的生存和福祉。[②] 城市向大气层所排放的温室气体占到了温室气体排放总量的70%。城市产生的温室气体源于生产和消费两个环节。以生产类数据和消费类数据为基础进行测算和比对，结果显示，城市居民消费产品比城市人类活动可能导致更多的温室气体排放。[③]

根据IPCC第五次评估报告，城市土地总面积的一半以上将在2030年之前完成开发。而城市当前的发展规划及其所兴建的基础设施对未来的温室气体排放量和城市的气候适应能力都具有长久的影响。因此，在各个城市的发展中，必须将低碳发展方式和气候灾害抵御能力考虑在内，做好长期的投资和规划，以避免不可持续的城市形态和模式带来的锁定效应。而如果努力向更紧凑的城市增长模式、更完善的城市基础设施以及更协调的治理方向转变，则有可能“在未来15年减少超过3万亿美元的城市基础设施建设资金需求”。[④]

在全球气候变化问题的复杂性和不确定性面前，相较于中央政府，熟悉地方情境和专注于当地问题的地方政府往往更加具有灵活性和迅速反应能力。在现实中，一些城市确实在减缓气候变化方面表现的野心勃勃。例如，荷兰首都阿姆斯特丹计划在2030年禁止任

---

① 《IPCC〈气候变化2022：影响、适应和脆弱性〉报告发布》，北京绿研公益发展中心网站，https://www.ghub.org/perspectives-ipcc-ar6-02/。

② 《城市与气候变化：政策方向》，联合国人类居住规划署网站，第20~23页，https://unhabitat.org/chengshiyuqihoubianhuazhengcefangxiang-quanqiurenleizhuqubaogao-2011-jian-xie-ben-grhs-2011。

③ 《城市与气候变化：政策方向》，联合国人类居住规划署网站，前言，https://unhabitat.org/chengshiyuqihoubianhuazhengcefangxiang-quanqiurenleizhuqubaogao-2011-jian-xie-ben-grhs-2011。

④ 霍安·克洛斯：《从巴黎气候变化大会到新城市议程》，联合国网站，https://www.un.org/zh/chronicle/article/20909。

何燃油汽车进入。[①] 韩国首尔宣布要在2050年达到实质零碳排的目标，并提出了具体的推动计划，如在2050年设置5GW太阳光电。[②]伦敦在2019年启动了“超低排放区”项目，借以减少并淘汰老旧高污染车辆进入市区。澳大利亚墨尔本更将目标提前，要在2020年提前达到碳零排放。荷兰海牙希望在2030年达到气候中和。巴黎、旧金山、明尼亚波利斯、堪培拉与雷克雅未克五个城市都立下100%使用可再生能源的目标，而雷克雅未克当前已经达标。[③]

在气候适应方面，世界上许多城市都采取了积极行动。鉴于世界上各个城市自身情况的特殊性和所受的具体影响差异性，它们为应对危机采取了各种各样的措施。例如，伦敦在泰晤士河上修建了举世闻名的防潮闸。汉堡修建了防水停车场和高出街道20英尺的紧急疏散路网。[④] 海牙建立了一条滨海大道，在市民看不到的大道底下，隐藏了一公里长的壕沟，用来抵御海水侵袭。纽约的BIG“U”计划方案是建造高度为6米的巨大U形海墙，保护美国最为重要的商业地区免受海水的侵蚀。东京建造了一个“未来派”的洞穴，作为地球上最先进的洪水减灾系统，可容纳6500万加仑的水，并能迅速地在水流进来时将其抽走。城市一直都很脆弱，但城市也具有非凡的韧性。城市在气候风险面前所展示出的能力与智慧，表明城市通过自身的变革不仅可以与风险共存，而且能够持续地发展繁荣。[⑤]

---

① 鲁昕：《阿姆斯特丹计划实现零排放交通》，《中国环境报》2019年8月30日，第5版。

② 赵家纬、陈乔琪：《CDP评鉴拿“A”就好吗？谈台湾城市的气候许诺与失落》，台湾城市学网站，https://city.gvm.com.tw/article/76743。

③ 陈文姿：《CDP计划公布全球城市指标 台北、台中、高雄并列A级》，台湾环境资讯中心网站，https://e-info.org.tw/node/218150。

④ 贾德·格林：《规划城市适应气候变化》，中外对话网站，https://chinadialogue.net/zh/2/40334/。

⑤ 《假如洪水来临：城市如何应对气候变化》，搜狐网，https://www.sohu.com/a/286750878_733526。

小　结

总之，气候变化在全球层次、国家层次和地方层次都具有不同的成因、影响和对策。在全球层次，气候变化威胁全人类的共同利益。在国家层次和地方层次，气候变化问题的表现在各国和各地都是极不均衡的。全球层次关注的是我们需要达成什么目标，并如何将这些目标分配下去。在国家和地方层次，不存在"放之四海而皆准"的某种减缓或适应气候变化的政策。[①] 气候治理需要个性化的治理方案，尤其是在城市层次，关注的重点是我们如何在本地应对挑战，有哪些经验可以交流。

因此，并非只有全球层次的气候治理对策才具有意义和效能。全球气候治理不应该寻求最合适的层次，而是应该探索如何在不同层次同时有效地制定政策。[②] 从全球到地方，各行政管理层次的气候治理都具有其特殊的责任和作用，并面临不同的机遇和挑战。如果假定气候变化仅仅是全球层次的问题，会导致无法将对大规模气候动态的理解与较低层次的决策需求联系起来，进而造成管理的错位和治理的低效。[③] 总之，真正的全球治理是充分调动各个治理层次中行为体的参与和行动。

全球、国家和地方层次的气候治理政策并不是相互嵌套的。一些国家可能会选择在中途退出气候国际协定，如美国和加拿大；而一些国家或地区可能制定高于国际协定规定的目标，如英国和欧盟。城市也可能提出高于国家的气候目标。因此，仅仅探索和改进相关

---

① 《城市与气候变化：政策方向》，联合国人类居住规划署网站，前言，https://unhabitat.org/chengshiyuqihoubianhuazhengcefangxiang - quanqiurenleizhuqubaogao - 2011 - jian - xie - ben - grhs - 2011。

② Joyeeta Gupta et al., "Climate Change: A 'Glocal' Problem Requiring 'Glocal' Action", *Journal of Integrative Environmental Sciences*, Vol. 4, No. 3, 2007, p. 144.

③ David W. Cash et al., "Scale and Cross - scale Dynamics: Governance and Information in a Multilevel World", *Ecology and Society*, 2006, https://ecologyandsociety.org/vol11/iss2/art8/main.html.

的国际制度设计并无益于气候变化问题的解决。我们必须强调多层次治理的重要性，为全球气候治理增添能够影响国家内部行为的补充性安排，使“自上而下”和“自下而上”的措施共同存在并相互支持。①

第二节　气候变化问题的综合性

气候变化问题具有综合性特征，它不仅是一个环境科学问题，而且是一个社会经济问题。② 而气候治理和社会经济发展之间常常存在矛盾。即使是在所谓的欧洲应对气候变化先锋国家中，其在制定减缓和适应气候变化的政策时，决策者的社会经济考量也并不少于对环境和气候变化问题本身的担忧。③ 而发展中国家和地区的人民依然在为摆脱贫困努力抗争，他们渴望获得更加富有的生活方式，因此不会容许国际社会在牺牲他们利益的情况下去应对气候变化问题。④ 在国际舞台上，由于牵涉到国家核心利益，有关气候变化的谈判在国家之间高度的战略竞争中被不可避免地政治化了，从而增加了治理难度。而正确客观地认识而非回避气候变化问题的综合性和复杂性才是破解这种困境的基础和前提。

一　气候变化问题的经济维度

气候变化是人类追求经济增长的副产品。在产业革命之前，人类经历了一个漫长的、以人和牲畜的体力、薪炭、水力等为主要动

① 〔美〕奥兰·扬：《直面环境挑战：治理的作用》，赵小凡、邬亮译，经济科学出版社，2014，第142页。

② Rob Swarta et al.，“Climate Change and Sustainable Development：Expanding the Options”，*Climate Policy*，Vol. 3，No. 1，2003，p. 37.

③ Steffen Bauer，“It's about Development，Stupid！International Climate Policy in a Changing World”，*Global Environmental Politics*，Vol. 12，No. 2，2012，p. 114.

④ 〔美〕奥兰·扬：《直面环境挑战：治理的作用》，赵小凡、邬亮译，经济科学出版社，2014，第133页。

力来源的低碳低排放时代。但是，随着18世纪末以来一波又一波的产业革命的发展，人类进入了利用以碳元素为主要成分的煤炭、石油等化石能源获取动力的高碳高排放时代。IPCC根据观测和预测所绘制的从公元1000年至2100年的气温变动曲线表明，地表平均气温在公元1000年至1900年的时间段内基本没有变动，但在1900年后开始日渐上升。[①] 到目前为止，各国实现经济增长仍然主要依靠消耗化石燃料。

反过来，气候变化可能会导致巨大的经济损失。根据联合国发布的《2019年世界经济形势与展望》报告，1998年至2017年，气候相关灾害造成的损失高达22450亿美元，比1978年至1997年增长151%。[②] 经济学家们也一致认为，由气候变化带来的总经济损失会随着温度的不断上升而继续增加。此外，气候变化还会影响经济增长的速度，延续现有贫困并引发新的贫困问题。[③]《2020年世界经济形势与展望》报告再次强调称，气候危机会严重影响短期和长期经济前景。报告还提醒投资者应考虑气候变化所带来的风险，避免做出短视的决定，尽量减少对碳密集型资产的投资。[④]

通过发展低碳经济和实现绿色增长来减缓气候变化无疑是未来的发展趋势。中国、日本、韩国和欧盟都已经宣布了各自的碳中和目标。根据欧盟发布的实现2050年温室气体排放中和的研究报告，"向气候中和经济的转变预计会对GDP产生一定的积极影响，到2050年其带来的收益预计将最高达到GDP的2%"。节能减排和经济转型能够扩大新兴产业的发展，激活新的经济增长点。那些在可

① 冯昭奎：《气候问题的辩证法》，《世界经济与政治》2010年第4期，第15页。

② 王建刚、林远：《专访：气候变化是全球经济面临的重大风险——访联合国首席经济学家哈里斯》，新华网，http://www.xinhuanet.com/world/2019-02/02/c_1124079402.htm。

③ 罗良文、茹雪、赵凡：《气候变化的经济影响研究进展》，《经济学动态》2018年第10期，第117页。

④ 联合国：《2020年世界经济形势与展望》，http://eecdf.org/App_UpLoad/file/20200420/20200420120244_3661.pdf。

再生能源技术方面处于领先地位的国家和地区已经开始享受其所带来的成效和收益。① 未来各国在全球范围甚至可能会开启新能源竞赛。②

二　气候变化问题的社会维度

极端气候事件的发生可能会导致社会环境动荡，出现工作岗位流失、人口群体性转移以及冲突和犯罪现象增加等情况。例如，飓风之后造成的电力损失会使既有的社会秩序受到干扰，抢劫和盗窃等犯罪事件发生的概率可能随之增加。③ 一项研究认为，今后几十年里，气候变化将会导致意外侵犯案件增加数百万起之多。④ 此外，气候变化还可能引起人口迁移甚至是跨国移民问题。然而，移民的目的地在哪里？由谁以及如何对其进行安置和保障？会不会出现文化适应上的问题？这些都是难以协调的问题。为避免事态的恶化，提高整个社会的气候适应能力已经迫在眉睫。

气候变化问题与不平等问题息息相关。应对气候变化必须将社会公正问题考虑在内。根据联合国的一项报告，贫穷和弱势群体在气候变化的影响面前更具脆弱性。高收入人群拥有更多的资源用来适应气候变化，而健康人群具有更强的抵御和恢复能力。对这一现象和问题如果不加以有效干预，业已存在的社会经济不平等现象将会加剧，整个社会的抗风险能力和气候适应能力也难以提升。⑤ 此

① 姜克隽：《应对气候变化，就意味着阻碍经济发展吗?》，知识分子网站，http://zhishifenzi. com/depth/depth/8084. html。

② 李曦子：《全球或开启新能源竞赛》，《国际金融报》2020 年 12 月 21 日，第 2 版。

③ 《CDP 2018 城市调查问卷》，https://guidance. cdp. net/zh/guidance? cid = 4&ctype = theme&idtype = ThemeID&incchild = 1µsite = 0&otype = Guidance&page = 1。

④ 常旭旻编译《气候变化或致犯罪率攀升》，人民网，http://env. people. com. cn/n/2014/ 0325/c1010 - 24731081. html。

⑤ 邱筠：《全球变暖或扩大社会不平等》，澎湃新闻网，https://www. thepaper. cn/newsDetail_forward_3976866。

外，为降低碳排放而进行的能源转型也需要考虑社会维度。[①] 鉴于减少碳排放的努力常常遭到强大的化石燃料利益集团的阻挠，因此成功的减排可能面临着如何打破既有利益格局的问题。[②] 与此同时，在关闭污染问题严重的工厂时，需要同时妥善处理好可能由此引发的员工失业和后续生计问题。而未来随着清洁能源领域的发展壮大，其可为社会提供更多新的就业机会。

不平等的问题不仅存在于国家内部，在国际社会也存在着类似的情况。世界上主要的温室气体排放国并非气候变化影响的主要承担者，而最不发达国家和小岛屿发展中国家虽然自身排放量很低，却承受了最多气候变化带来的干旱和洪水等负面影响。[③] 一项调查显示，近 90% 的全球主要气候经济学家认为，气候变化将加大富国和穷国之间的贫富差距。[④] 在全球气候治理中，由于经济增长和减少碳排放之间的矛盾，作为气候变化主要责任方的发达国家和作为气候变化主要受害者的发展中国家之间一直存在着“在合作下发展”还是“在发展中合作”的争论。由此可见，发达国家的做法因违反了气候公正，在很大程度上阻碍了全球气候治理的推进。

三　气候变化问题的政治维度

气候变化问题同样可以引发政治问题。在国内政治方面，气候变化问题所引发的游行和抗议活动可能会给国家造成一定的政治压力。由于应对气候变化具有一定的道德属性，因此，相关的质疑声音甚至可能对国家的声誉和形象造成一定的影响。例如，在 2019 年

---

① 《赢得气候之战：有多少胜算?》，威立雅网站，https://www.planet.veolia.com/zh-hans/ying-de-qi-hou-zhi-zhan-you-duo-shao-sheng-suan。

② 联合国开发计划署：《人类发展报告 2019》，第 178 页，https://hdr.undp.org/system/files/documents/hdr2019cnpdf_1.pdf。

③ 冯灏：《1.5℃温控目标：中国专家怎么看?》，中外对话网站，https://chinadialogue.net/zh/3/43924/。

④ 《顶级经济学家发出警告：气候变化或将加剧全球贫富差距》，《中国日报》中文网，https://cn.chinadaily.com.cn/a/202103/30/WS60631697a3101e7ce9746b1a.html。

发生的“反抗灭绝”运动中，英国的抗议者不仅要求政府承诺加快减排速度（到 2025 年实现零碳排放），还要求以人民议会的形式建立一个新的国家级气候治理机制。此类机构在爱尔兰已有先例，该国于 2017 年成立了公民大会。该大会于 2018 年宣布，97% 的成员建议将应对气候变化问题作为爱尔兰政策制定的核心。[①] 此外，一些个人行为体因其知名度或专业性而受到高度专注，拥有不可忽视的权威和影响力，如瑞典环保少女格蕾塔·桑伯格（Greta Thunberg）在国际上的名声大噪。但这类行为体往往难以超越个人的认知偏好和知识结构，其理性程度是值得商榷的。因此，公众的参与行为是一枚硬币的两面，政府的适当引导仍然必不可少。

国家也可能将气候变化问题作为一种国际政治竞争的工具和手段。气候变化不仅直接涉及各国的能源安全，而且影响各国经济增长的合法空间。与一般的环境问题相比，气候变化问题的特殊性在于它已经超出了环境或气候领域，气候变化谈判涉及的是能源利用、农业生产等经济发展模式的问题。在一定程度上，气候变化谈判争夺的是本国未来在能源发展和经济竞争中的优势问题，是各国政治、经济和科技等综合实力的较量，是对国际贸易和技术市场的争夺，它关系到国家在未来国际格局中的地位问题。[②] 这无疑进一步加剧了国际气候治理中国家之间的不信任和合作的难度。

与此同时，不论是地方、国家还是国际社会解决气候变化问题的政治意愿都影响着气候治理的现实发展。在国家和地方，气候变化问题涉及众多不同政府部门之间的协调配合和共同行动。很多时候，采取气候行动的障碍就在于各种政府部门之间的掣肘以及各种利益集团之间的竞争。气候变化问题在议事日程上的位置和排序，

---

① Antony Froggatt and Catherine Hampton, “Increase Climate Ambition by Making Policy More Inclusive”, Chatham House, https://www.chathamhouse.org/expert/comment/increase - climate - ambition - making - policy - more - inclusive.

② 曾文革等：《应对全球气候变化能力建设法制保障研究》，重庆大学出版社，2012，第 205 ~ 206 页。

影响着政府的决策力度和资源投入。这进而又影响着气候治理中的国际合作。联合国秘书长安东尼奥·古特雷斯（António Guterres）指出，各国都有能力借助其掌握的科学知识和技术遏制全球变暖，但它们所缺乏的是政治意愿。①

小 结

应对气候变化并不是一个孤立的和单一的问题，还应该顾及经济、社会和政治维度，协调好各个政府部门之间可能出现的矛盾，将具有关联性的问题串起来，从而进行综合考虑和统筹解决。实现发展中的优先事项和气候政策目标之间的协调是问题的关键。以往我们只承认减缓和适应两种应对气候变化的政策。但现在有一个强烈的迹象表明，单靠这些措施是行不通的。因为仅仅将减缓和适应气候变化的政策加诸于不可持续发展模式上是无法解决问题的。它们只是修补了一个有缺陷的发展体系，而更有可能取得成功的是一项可持续发展战略。②

只有坚持可持续发展框架下的气候治理，而不是为了气候治理而进行气候治理，应对气候变化才能有助于而不是阻碍经济发展、社会公正和政治互信。从气候变化的角度看，气候变化的综合性进一步揭示了气候变化在不同的具体环境中因其附属维度所产生的差异性。从可持续发展的角度看，可持续发展不同目标之间的相互作用在不同国家以及不同地区的表现具有高度的异质性。因此，除了必要的国际合作之外，在为气候变化和可持续发展制定对策

① 罗法、夏立民：《联合国：对抗极端气候只缺政治意愿》，德国之声网站，https://www.dw.com/zh/%E8%81%94%E5%90%88%E5%9B%BD-%E5%AF%B9%E6%8A%97%E6%9E%81%E7%AB%AF%E6%B0%94%E5%80%99%E5%8F%AA%E7%BC%BA%E6%94%BF%E6%B2%BB%E6%84%8F%E6%84%BF/a-51494380。

② Martin Parry, "Climate Change is a Development Issue, and Only Sustainable Development Can Confront the Challenge", *Climate and Development*, Vol. 1, No. 1, 2009, p. 8.

的时候，考虑不同国家的特殊情况和制定明确的地方性政策是非常重要的。[①]

第三节　气候变化问题的人文性

气候变化问题具有人文性。气候变化可能会引发极端天气、影响粮食作物的生产、导致人类迁移甚至文化的改变。而这些与人类的健康福祉、居住条件和传统知识都息息相关。由于人往往都是长期生活在特定的地域之中的，人类应对气候变化的知识也是具有地方性的。近年来，生态人类学、民族生态学和文化人类学等交叉学科日渐兴起，气候变化的研究呈现出一定的人文转向和地方转向。这为系统地研究气候变化对人类的影响以及收集不同地区应对气候变化的传统知识奠定了重要基础。

一　气候变化问题与个人健康

气候变化不仅会影响环境也会影响健康。气候对人类健康最直接的威胁就是出现极端高温而导致的热效应。研究表明，死亡率会在异常高温出现的时间里增加 1～2 倍。也就是说，死亡率与温度之间具有密切的线性关系。[②] 2003 年夏季，热浪席卷全球，欧洲所受的影响尤为严重，数以万计的人因此丧生。气温还会影响人体的舒适度。研究者据此提出了“界限温度”的概念，指不同地区的居民对气候舒适的“感觉上限”。[③] 此外，在持续的高温中，臭氧和空气中原本存在的一些污染物水平和花粉等气源性致敏原的水平也会上

① Laura Scherer et al.，“Trade-offs between Social and Environmental Sustainable Development Goals”，*Environmental Science and Policy*，Vol. 90，2018，p. 70.

② 陈新强、郑国光等编著《可持续发展中的若干气候问题》，气象出版社，2002，第 60 页。

③ 石龙宇、崔胜辉：《气候变化对城市生态系统的影响研究进展》，《环境科学与技术》2010 年第 S1 期，第 193～194 页。

升，而这会诱发心血管和呼吸道疾病。[①]

气候变化可能会扩大疾病在地球上的传播。气候条件对水源性疾病和通过昆虫、蜗牛或其他冷血动物传播的疾病有很大影响。气候变化可能会延长重要病媒传播疾病的传播季节并改变其地理范围。[②] 例如，在中国，血吸虫病、疟疾、登革热、流行性乙型脑炎、广州管圆线虫病、钩端螺旋体病以及其他虫媒疾病都与气候变暖存在关联。[③] 地球变暖还可能引发很多病毒的进化病变，增加了眼鼻耳类疾病、呼吸性疾病、心脏科疾病、消化系统疾病的发病率和传播速度。[④]

世界卫生组织已经呼吁人们重视和警惕气候变化对人类健康的所造成的威胁。即使在假设世界经济持续增长和卫生水平不断提升的前提下，世界卫生组织的一次保守估计仍然表明，在 2030～2050 年，气候变化预计将每年多造成约 25 万人死亡。没有人可以逃避气候变化所带来的影响，但是人们遭受影响的程度不一。那些生活在小岛屿发展中国家和其他沿海地区、大城市、山区和极地地区的人群尤其脆弱。而儿童、老人、体弱者和疾病患者不得不承担最大的健康风险。[⑤]

二 气候变化问题与文化传统

文化传统是导致气候变化的一个影响因素。与很多自然科学家

---

① 《气候变化与健康》，世界卫生组织网站，https://www.who.int/zh/news-room/fact-sheets/detail/climate-change-and-health。

② 《气候变化与健康》，世界卫生组织网站，https://www.who.int/zh/news-room/fact-sheets/detail/climate-change-and-health。

③ 石龙宇、崔胜辉：《气候变化对城市生态系统的影响研究进展》，《环境科学与技术》，2010 年第 S1 期，第 193～194 页。

④ 热伊莱·卡得尔、伊卜拉伊木·阿卜杜吾普、陈刚：《全球气候变化及其影响因素研究进展》，《农业开发与装备》2020 年第 9 期，第 82 页。

⑤ 《气候变化与健康》，世界卫生组织网站，https://www.who.int/zh/news-room/fact-sheets/detail/climate-change-and-health。

和社会科学家一样，人类学家也致力于气候变化原因和影响方面的研究。在成因方面，自然科学家强调单纯的碳排放导致了空气中二氧化碳的增加和气温的升高，而人类学家更加强调碳排放和气候变暖与人类文化系统之间的关系。虽然气候变暖的直接原因是碳排放，但是碳排放作为一种人类行为，其背后的根源应该在社会文化系统中去寻找。对于导致气候变化的人为因素，人类学家提出了众多观点，其中两种最重要的观点如下。一种是认为应从人类的文化信仰上寻求答案，认为气候变化的主要根源在于文化中所存在的问题，即信仰系统的式微和道德底线的崩溃。另一种则是将气候变暖的产生归咎于工业资本主义和新自由主义的生产和消费方式。[①] 尤其是在发达国家，高增长、高消费的发展模式已经存在了几百年之久。[②] 当前，低碳生活方式远未能取代高消费主义成为人们新的行为偏好。

气候变化也可能会对人类文化产生影响和冲击。一方面，极端气候频发将会破坏世界自然和文化遗产。另一方面，一些原住民部落因气候变化而正面临着食物短缺和家园被毁的威胁，由此产生的生存危机和移民问题可能会导致大量原住民部落失去自己的传统、习俗、文化、艺术及语言。[③] 而在图瓦卢、马尔代夫、马绍尔、基里巴斯等一些低海拔国家中，举国移民已经成为人们讨论的话题。[④] 早在 2001 年，图瓦卢的领导人就已发布声明称，该国已经无力对抗海平面的上升，该国居民将被迫逐步迁往新西兰。[⑤] 在第 21 届联合国气候变化大会（巴黎）的最后阶段，小岛国发出了“我们会失去一

---

① 李永祥：《西方人类学气候变化研究述评》，《民族研究》2017 年第 5 期，第 111 ~ 112 页。

② 《气候变化对人类文化的影响和冲击》，搜狐网，http://roll.sohu.com/20120916/n353243686.shtml。

③ 《气候变化对人类文化的影响和冲击》，搜狐网，http://roll.sohu.com/20120916/n353243686.shtml。

④ 李永祥：《西方人类学气候变化研究述评》，《民族研究》2017 年第 5 期，第 115 页。

⑤ 《气候变化对人类文化的影响和冲击》，搜狐网，http://roll.sohu.com/20120916/n353243686.shtml。

个民族、一种身份、一段文化史、一种语言与文字”的急迫诉求。[①]不论是原住民部落的生存危机还是低海拔国家的移民问题，人们丧失土地和家园，就丧失了文化认同。作为环境灾害的后果，被毁的房屋、桥梁，一般都可重建，但传统知识和社会结构的丧失，则往往是不可逆转的，因而其影响也更为深远。[②]

三　气候变化问题与观念认知

气候变化是一个“高风险、低认知”的问题。[③]长期以来，公众之所以对气候变化议题保持一种无视或被动旁观的态度，包括以下几个原因。第一，普通百姓大多数将气候变化视为一种抽象冰冷的科学知识，并未将应对气候变化纳入自己的日常生活实践中。第二，作为一种宏大的叙事和全球层次的议题，气候变化具有缓发性和累积性，其带来的影响对个人而言并不够直观和具体，因此并没有引发人们采取行动加以应对的紧迫感和自主性。第三，公众仍然认为应对气候变化主要是国际组织、各国政府和科学家的事情，而认为自己对气候变化的影响是微不足道的。[④]

对气候变化科学性的质疑也阻碍着人们的行动。虽然知道气候变化这一科学概念的人群基数十分庞大。但是，一项基于地域性的研究发现，许多人并未将关于气候变化的科学话语视为真理，而是将它们看作真假难辨的预言。例如，在欧洲，气候变化已经成为大

---

① 冯灏：《1.5℃温控目标：中国专家怎么看?》，中外对话网站，https://chinadialogue.net/zh/3/43924/。

② Mirjam Gehrke：《丧失文化和知识－气候变化的社会后果》，德国之声网站，https://www.dw.com/zh/%E4%B8%A7%E5%A4%B1%E6%96%87%E5%8C%96%E5%92%8C%E7%9F%A5%E8%AF%86%E6%B0%94%E5%80%99%E5%8F%98%E5%8C%96%E7%9A%84%E7%A4%BE%E4%BC%9A%E5%90%8E%E6%9E%9C/a－16667306。

③ 《“高风险、低认知”的气候变化》，《联合早报》网站，https://www.zaobao.com/special/report/politic/climate/story20190825－983625。

④ 王振红：《公众对气候变化议题处于“高风险低认知”状况》，中国发展门户网，http://cn.chinagate.cn/news/2015－07/24/content_36137914.htm。

众最为关注的话题之一，气候宣传也融入到人们生活的方方面面。但与此同时，气候变化也日益成为政治家的竞选口号和新闻媒体用来博得关注的工具。[①] 这种将气候变化知识政治化和商业化的倾向导致了问题的复杂化，同时引发了人们的抵触和怀疑情绪。

上述这些认知不足和偏差之所以发生，一个重要原因就是关于气候变化这一全球现象和地方认知两者之间关系的研究（即从民族文化、地方性知识的角度研究气候变化与适应）的文献较少，而从自然科学的学科角度论述气候与环境及人类活动关系的著述则较多。[②] 这削弱了气候变化与个人生活的关联度和气候变化相关知识在公众中的接受度。人类应对气候变化的传统知识具有地方性。生活在特定地域的人不会脱离自身的生存环境来理解和应对气候变化。例如，生活在极地、山地、沙漠、热带雨林、岛屿、温带的原住民都有自己观察、理解并适应气候变化的独特之处，而他们关于气候的传统知识对政府气候政策制定也具有一定的参考意义和影响。[③] “地方性”被认为是一个与“全球性”相对应的具有多样性和复杂性的范畴。地方性如同特殊性一样源于世界各地。全球是地方的总和，没有对多样的地方性的深入研究，就不可能得到全面综合的全球性结论。人类学在气候变化方面的研究对主流气候变化科学研究做出了必要补充，不仅探索了与气候有关的地方知识体系，而且对不同的地方知识体系进行了跨文化比较。实践证明，人类学对于气候变化的适应性研究结果对于 IPCC 的政策制定和战略规划有着重要的意义。[④]

当今，气候变化主流科学与地方知识相结合已成为发展趋势。

---

① 李永祥：《西方人类学气候变化研究述评》，《民族研究》2017 年第 5 期，第 115 ~ 116 页。

② 尹仑：《藏族对气候变化的本土认知》，云南省社会科学院网站，http://www.sky.yn.gov.cn/ztzl/yq30zn/zgwj/mzwxs/03672528173796718928。

③ 尹仑：《藏族对气候变化的认知与应对——云南省德钦县果念行政村的考察》，《思想战线》2011 年第 4 期，第 24 页。

④ 李永祥：《西方人类学气候变化研究述评》，《民族研究》2017 年第 5 期，第 114 页。

而早在2009年，汉娜·瑞德（Hannah Reid）和特瑞·加农（Terry Cannon）等在其编著的研究报告《以社区为基础的气候变化适应》中就曾提出过通过科研工作者与原住民社区的合作来制订降低灾害风险和适应气候变化的社区发展计划。[①] 原住民知识与主流科学研究的结合能产生新的合作知识，促成应对气候变化的有效行动。2019年，22个地方和原住民社区因创新气候解决方案而荣获联合国“赤道奖”。联合国开发计划署署长阿齐姆·施泰纳（Achim Steiner）表示：“每天，全世界成千上万的当地社区和土著人民正在默默地实施创新的基于自然的解决方案，以缓解和适应气候变化。赤道奖既是对他们独特想法的认可，也是展示人民和基层社区实现真正变革的力量的一种方式。”[②] 2022年，IPCC第六次评估报告强调了自然以及地方知识在气候适应领域的重要作用。

小　结

气候变化问题与人类的物质生活和精神生活都是息息相关的。它关系到人类的健康、居所和观念等方方面面。而人类与气候变化问题的相互作用也从不同的维度影响着气候治理的进展与成效。因此，应对气候变化不能忽视公众在其中所扮演的角色。而想要调动公众在应对气候变化中的能动性，就要考虑到公众的切身利益、不同群体的特点及其生活的具体环境。例如，在设计落实减缓和适应气候变化战略时，如果不能将传统知识纳入主流科学，就有可能破坏当地居民的生计和恢复能力，削弱其对土地和自然资源的习惯权利。[③]

---

① Hannah Reid et al. , *Community - based Adaptation to Climate Change*, London: International Institute for Environment and Development, 2009；尹仑：《藏族对气候变化的本土认知》，云南省社会科学院网站，http://www. sky. yn. gov. cn/ztzl/yq30zn/zgwj/mzwxs/03672528173796718928。

② 《22个地方和土著社区以创新气候解决方案荣获联合国赤道奖》，联合国新闻网站，https://news. un. org/zh/story/2019/06/1035751。

③ 奥卢瓦托比洛巴·穆迪：《气候行动和可持续性：解决方案离不开土著人民》，WIPO杂志网站，https://www. wipo. int/wipo_magazine/zh/2020/01/article_0007. html。

因此，只有从地方性而非全球性的角度考虑气候变化对公众的影响，才能真正将人文关怀带入到全球气候治理之中，从而将公众与气候变化紧密地联系起来，激发公众在全球气候治理中的参与意识并采取切实行动。

在气候治理中，与主流科学相比，地方知识活跃在更加精细的空间和时间维度上，发展出了多种多样而富有成效的气候变化应对方式。长期以来，在气候变化的地方性知识和全球性知识之间存在着一定的脱节。对于气候变化的地方性理解和应对虽然一直发挥着十分独立和重要的作用，但在全球层次中却一直处于受忽视的地位。如今，在预测和适应气候变化并削弱其不可避免的负面影响方面，这些传统知识的作用已经得到了越来越多的认可。对凝聚地方人民智慧的传统知识的再发现和再认识，可以为全球气候治理提供重要的基础、支撑和启示。在实践中，将传统知识纳入全球气候变化行动的过程仍存在多项挑战，包括法律框架不完善、相关决策者不重视、传统知识记录的缺失以及专门知识和资源筹备不足等。而增强原住民与地方政府合作的能力，共同设计落实互惠互利的方法以减缓气候变化，是推进相关工作的一项必要步骤。[①]

本章小结

本章的分析说明，气候变化问题具有全球地方性。如图 2－1 所示，第一，气候变化不仅是一个全球层次的问题，还是一个多层性的问题，同时存在于国家和地方层次之中。第二，气候变化不仅是一个单一性问题，更是一个综合性问题，与经济、社会、政治等问题交织在一起。第三，气候变化不仅是一个科学性问题，而且是一

---

① 奥卢瓦托比洛巴·穆迪：《气候行动和可持续性：解决方案离不开土著人民》，WIPO 杂志网站，https://www. wipo. int/wipo_magazine/zh/2020/01/article_0007. html。

个人文性问题，与人类的健康、文化和观念密切相关。不论是多层性、综合性还是人文性，都说明了气候变化问题与不同的地域范围、社会环境和人类群体结合时而产生的特殊性。这说明在认识到气候变化问题全球性的前提下，地方性也是研究气候变化不可忽视的方面。只有将气候变化问题的全球性和地方性相互结合起来，才能同时透过宏观视角和微观视角全面而透彻地理解气候变化问题。

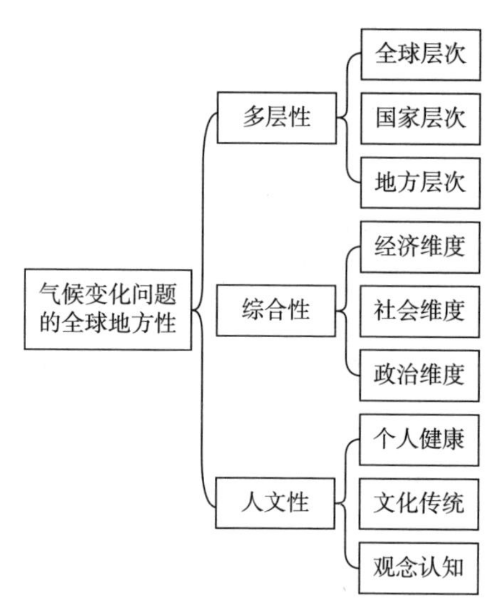

图 2－1　气候变化问题的全球地方性

将全球地方主义应用于全球气候治理正是上述想法的一种尝试和体现。鉴于气候变化问题的多层性、综合性和人文性表现得十分显著，因此应对气候变化在不同治理层次的参与和协作、推行本土化的治理方式以及鼓励公众参与方面都需要给予足够的重视，并采取切实的行动。在应对气候变化问题的地方性方面，城市正发挥着越来越重要的作用。而由城市组成的跨国城市气候网络自建立以来也已有三十余年的发展历程。第三章将详细分析跨国城市气候网络的建立和发展情况。在此基础之上，第四章将主要探讨跨国城市气候网络作为地方机制能否在全球地方主义的治理实践中发挥作用。

第三章　气候治理中的地方机制

——跨国城市气候网络

城市往往通过建立和加入跨国城市气候网络来参与全球气候治理。虽然城市本身是全球气候治理中的重要行为体，但不可否认的是，一个城市的减排政策对于全球治理的贡献微乎其微。因此，只凭一个城市政府花费资源来控制温室气体排放是毫无意义的，因为控制一个特定地区排放的行动是否会对全球气候变化的总体威胁产生可衡量的影响，这一点根本不清楚。此外，城市参与全球气候治理也难以给自身带来直接的好处。控制地方排放对保护特定城市免受气候变化的潜在不利影响几乎没有作用，因为温室气体的排放不会产生直接的地方影响，地方区域只会通过温室气体对全球范围气候的影响而受到影响。①

根据全球气候治理的定义，本书将全球气候治理研究的重点放在治理机制而非治理行为体上面，进而从治理机制的视角对跨国城市气候网络展开研究。② 在全球地方主义治理的框架下，作为全球机制的国际气候条约体系和作为地方机制的跨国城市气候网络共同参

① Benjamin J. Deangelo and L. D. Danny Harvey, "The Jurisdictional Framework for Municipal Action to Reduce Greenhouse Gas Emissions: Case Studies from Canada, the USA and Germany", *Local Environment*, Vol. 3, No. 2, 1998, p. 115.

② 关于全球气候治理的定义参见薄燕、高翔《中国与全球气候治理机制的变迁》，上海人民出版社，2017，第2页、第6页。全球气候治理主要指主权国家之间构建的应对气候变化的规则、机制和机构体系，以及多元的行为体通过正式或者非正式的制度安排来实现应对气候变化的合作方式的综合。关于治理机制和治理行为体之间的区分见本书第一章第二节。

与到全球气候治理中来并扮演着不同的角色。其中，国际气候条约体系一直是全球气候治理的核心机制，决定了全球气候治理的现状，而跨国城市气候网络则日益受到重视，促进着全球气候治理的革新。对于两者之间的未来互动与合作关系的设想与展望，需要以对地方机制这一新兴事物的细致了解和考察为基础和前提。因此，本章将以跨国城市气候网络为重点的研究对象。

跨国城市气候网络作为一种新生事物，是一个在实践中不断发展，并且持续不断进行自我更新的概念。因此，针对跨国城市气候网络的研究重点也应根据其自身的现实发展而不断进行调整。自成立至今，跨国城市气候网络已经取得了不曾间断和不可逆转的快速发展和长足进步。从跨国城市气候网络本身来看，跨国城市气候网络的发展经历了从强城市（成员）—弱网络（组织）到强网络—弱城市的发展历程，针对跨国城市气候网络的研究也已经从对城市行为体的研究发展到了针对网络治理机制的研究。这标志着跨国城市气候网络已经超越了地方议程，实现了从全球气候治理中的参与者向促进者的角色转变。从跨国城市气候网络相互之间的关系来看，呈现出横向上发展的互补性和纵向上发展的延续性，已经逐渐形成了一个联系紧密的跨国城市气候网络机制复合体。因此，应该更多地以整体的而非孤立的眼光去考察它们在全球气候治理中的发展与作用。

据此，本章关注的既不是城市，也不是单一的跨国城市气候网络，而是跨国城市气候网络机制复合体。鉴于不同的跨国城市气候网络在成立背景、组织特点、发展策略和发挥作用等方面都存在差异，以单一的跨国城市气候网络作为研究案例将导致局限的认知和片面的结论。更为重要的是，不同的网络并不是各自孤立和相互隔绝地发展的。相反，它们之间既具有合作性又具有继承性，使跨国城市气候网络的整体发展呈现出向心力。而在当前既有的跨国城市气候网络研究中，不同网络之间的相互关系和网络的整体发展却受到一定的忽视。因此，本章将在对跨国城市气候网络进行一般性介绍和分析的基础上，在数量众多且各具特色的跨国城市气候网络中，选取三个成立于不同时期的具有代表性的全球性跨国城市气候网络[①]作为重点考察对象，以期对跨国城市气候网络的总体发展情况进行把握。

第一节　跨国城市气候网络的特征和分类

一　跨国城市网络的一般特征

跨国城市气候网络大多涉及气候治理和可持续发展议题，是最具代表性和发展最成熟的一类跨国城市网络，具有一般的跨国城市网络所具有的共同特征。跨国城市网络是指由来自两个或两个以上国家的城市之间以特定公共目标为导向而自愿组成的治理网络。跨国城市网络的形成需要一定的背景和条件，它们包括：（1）全球生产的分工与合作导致城市联系越来越频繁，城镇体系也由原来的封闭系统走向开放系统；（2）交通和通信技术的进步使得距离衰减要素对城市间联系的作用减弱，基于距离特征的等级体系正在逐步弱化[②]；（3）全球性问题在城市中表现得尤为明显，但城市的管理需求与其掌握的权力之间存在落差，一些市长积极争取政治资源以实现政治抱负；（4）多层多元主体的共同参与是全球治理的内在要求和发展趋势。

跨国城市网络的建立旨在有效应对城市共同面临的挑战。城市之间在网络中相互合作，针对共同的问题进行知识、最佳实践和经验的交换。通常，来自其他公私领域中的行为体也会参与进来，通

① 虽然跨国城市气候网络都可以被宽泛地视为气候治理中的地方机制，但是本书倾向于认为全球治理中的机制应尽可能是覆盖全球范围的，因此选择全球性跨国城市气候网络作为重点的考察对象。

② 冷炳荣、杨永春、谭一洺：《城市网络研究：由等级到网络》，《国际城市规划》2014 年第 1 期，第 1 页。

过提供技术和财政支持帮助城市达成其目标。跨国城市网络的目标多种多样，例如为共同探讨解决全球化和城市化带来的挑战等问题而成立的世界城市和地方政府联盟（United Cities and Local Governments，UCLG），旨在减轻城市贫困的城市联盟（Cities Alliance）、为应对气候变化问题而建立的C40和致力于使创意和文化产业成为地区发展战略核心的联合国教科文组织创意城市网络（UCCN）等。

城市作为次国家行为体其国际行为的性质具有从属性、政府性、地方性和补充性的特征。具体而言，首先，它们的国际行为能力来源于中央政府的认可或默认，并受到中央政府的限制。次国家政府国际行为的从属性，决定了其在参与对外事务时所拥有的自主性必然是有条件和有限度的，始终要在确保符合国家整体利益的框架下展开对外行为。其次，城市可以通过调动公共资源来达成自身的目标，其国际行为具有官方性和权威性。再次，城市的国际行为具有地方性。城市能够通过相互合作来解决共同面临的问题，其行为展示出一定的全球视野、全球思维和全球关怀，但是其出发点、落脚点和根本点都是以服务本地利益为准绳的。最后，次国家行为体往往较少受到政治因素的干扰，在应对低级政府问题方面具有优势。在需要合作但又有矛盾冲突的国家之间，就可以借助于次国家政府，从不更多涉及主权敏感性问题的经济、文化、环境保护等“低级政治”入手，加深交流与理解，以促进国家关系中重大难题的解决。①

对于跨国城市网络，有如下几点需要说明。第一，跨国城市网络属于跨国机制。跨国机制是为应对跨国问题而建立的。跨国问题不同于国际问题。跨国问题的出现源于全球化的深入发展，超出国家边界之外，拥有多元化的治理主体。而国际问题是源自国家间的

---

① 陈志敏：《次国家政府与对外事务》，长征出版社，2001，第24页；刘雪莲、江长新：《次国家政府参与国际合作的特点与方式》，《社会科学战线》2010年第10期，第163～164页。

战争与和平，以国家边界为界限，其治理主体主要是国家政府。在全球化时代，当前的全球治理机制中绝大多数属于外部或替代治理机制，能够深入到国家内部监管的深度治理制度却几乎空白。但是，以跨国问题为主要治理目标的全球深度治理要求深入国家边界的背后，从源头加以治理。而跨国合作机制的核心内容就是协调内政，从而有助于推进深度治理。值得注意的是，与国际机制“自上而下”和被动反应式的管理机制不同，跨国机制往往是平等协作和主动干预式的。[①] 因此跨国城市网络作为跨国机制在应对跨国问题方面将具备一定的优势。

第二，跨国城市网络属于政府性行为体。由地方政府构成的跨国城市网络具有一定的官方性质，可以通过调动公共资源来达成治理目标。[②] 作为网络成员的地方政府在自身所辖范围内行使行政管辖权，因此具有直接的行动力和影响力。这使其区别于跨国倡议网络等非政府组织，这类组织往往起到间接的游说和动员作用。[③] 对于许多全球问题而言，政府都必须出面行使公共管理职能，并形成强有力的政府间合作机制。[④] 例如，气候变化问题作为最大的全球外部性问题，也是全球公共物品保护问题，不可能完全依靠市场机制和社会力量去解决，它们的气候行动在很大程度上仍源于政府权威。[⑤] 因此，作为政府性行为体，跨国城市网络的形成和发展对于治理全球问题具有重要意义。

---

① 张胜军：《全球深度治理的目标与前景》，《世界经济与政治》2013 年第 4 期，第 61～69 页。

② 刘雪莲、江长新：《次国家政府参与国际合作的特点与方式》，《社会科学战线》2010 年第 10 期，第 163 页。

③ Kristine Kern and Harriet Bulkeley, “Cities, Europeanization and Multi－level Governance: Governing Climate Change through Transnational Municipal Networks”, *Journal of Common Market Studies*, Vol. 47, No. 2, 2009, p. 310.

④ 邹骥：《气候变化领域技术开发与转让国际机制创新》，《环境保护》2008 年第 9 期，第 17 页。

⑤ 袁倩：《多层级气候治理：现状与障碍》，《经济社会体制比较》2018 年第 5 期，第 117 页。

第三，跨国城市网络是一种治理网络。网络既是一种空间隐喻，也是一种新的组织和治理形式。[①] 前者涉及世界城市网络理论，后者涉及政策网络理论、治理网络理论和社会网络理论。这些理论渊源都对网络分析具有十分重要的启示。将治理与网络相互结合之后，所得出的治理网络指的是一种特殊种类的网络，而网络治理指的是一种特殊形式的治理。具体而言，治理网络是指由相互依赖但在运作上独立自主的行为体所形成的相对稳定的水平联系，它们在相对制度化的框架内通过协商的方式进行互动，在外部机构以公共目标为导向所规定的范围内进行自我管理。[②] 网络治理既不具有国家的等级制特征，又区别于市场中短暂的交易关系，在不同的研究领域中均有不同的具体内涵。一般而言，网络治理采取自组织的、非等级的、多中心的和扁平化的治理形式，网络成员之间的合作是自愿的、协作的和共赢的，网络治理具有开放性、动态性、灵活性、适应性和弹性的特征。在全球治理中，已经出现了越来越多形式多样、涉及不同治理主体和议题领域的治理网络。

二　跨国城市气候网络的分类

本书所研究的跨国城市气候网络的判定标准包括：1. 将气候治理作为网络主题或主要任务之一；2. 以来自两个或两个以上国家的城市为成员主体；3. 具有一定程度的规范化和制度化的组织形式；4. 网络决定由其成员直接执行。世界上最早建立的跨国城市气候网络是1986年在欧洲建立的欧洲城市网络。该网络旨在帮助成员实施气候行动计划，发挥城市成员在气候、经济和包容性等议题上的能

① Sofie Bouteligier, *Cities, Networks, and Global Environmental Governance: Spaces of Innovation, Places of Leadership*, London and New York: Routledge, 2012, p. 45.

② Eva Sørensen and Jacob Torfing, "The Democratic Anchorage of Governance Networks", *Scandinavian Political Studies*, Vol. 28, No. 3, 2005, p. 197.

动作用。[①] 后来，跨国城市气候网络的数量和类型不断增多，并开始从欧洲扩展到世界其他地区。

以地理范围作为标准，跨国城市气候网络可分为全球性和区域性两大类。全球性跨国城市气候网络主要包括：宜可城－地方可持续发展协会发起的城市气候保护项目（1993）、国际太阳能城市倡议（International Solar Cities Initiative，ISCI）（2003）、C40（2005）、世界气候变化市长委员会（World Majors Council on Climate Change，WMCCC）（2005）、世界低碳城市联盟（The World Alliance of Low Carbon Cities，WALCC）（2011）、全球市长协定（The Compact of Mayors，CM）（2014）、2 度以下联盟（Under 2 Coalition）（2015）、GCoM（2017）、全球弹性城市网络（Global Resilient Cities Network，GRCN）（2019）。

区域性跨国城市气候网络大多集中在欧洲地区，主要包括：欧洲城市网络（1986）、能源城市（Energy Cities）（1990）、气候联盟（Climate Alliance）（1990）、欧洲市长盟约（The Covenant of Mayors for Climate & Energy）（2008）等。亚洲也拥有类似的网络，包括将应对气候变化作为主要议题之一的亚太城市间合作网络（CityNet）（1987）、聚焦东亚区域环境治理的北九州清洁环境倡议（Kitakyushu Initiative for a Clean Environment，KICE）（2000）、亚洲城市应对气候变化能力网络（Asian Cities Climate Change Resilience Network，ACCCRN）（2008）和亚洲清洁空气中心（Clean Air Asia，CAA）（2001）。但是后两者是城市相关能力建设和政策实施的支持性与促进性网络，而不是由城市作为行为体直接参与到合作之中。

虽然当今跨国城市气候网络数量众多，但是各个网络一般都拥有自身的特征。跨国城市气候网络还可以根据发起者身份、成员特

---

① 王玉明、王沛雯：《跨国城市气候网络参与全球气候治理的路径》，《哈尔滨工业大学学报》（社会科学版）2016 年第 3 期，第 114 ~ 115 页。

征、网络主题和伙伴关系等标准进行进一步划分。网络的发起者身份包括城市（如欧洲城市网络、气候联盟和C40）、超国家组织（如能源城市、CityNet和GCoM）和基金会（如GRCN和ACCCRN）等。在成员特征方面，一些跨国城市气候网络为成员资格设定了具体的标准（如C40、GRCN和欧洲城市网络），因此具有一定的排他性。而另一些网络则对所有城市开放（如ICLEI、气候联盟、能源城市、欧洲市长盟约）。区域性的跨国城市气候网络也具有各自不同的成员特征，以欧洲的跨国城市气候网络为例，气候联盟的主要工作语言是德语，其大多数成员为欧陆国家的城市，包括德国、奥地利和荷兰。而ICLEI'S CCP在欧洲的主要工作语言是英语，成员主要位于芬兰和英国。能源城市的工作语言是英语和法语，成员主要来自法国，且聚焦于地方能源政策。这三个网络在传统欧盟国家的扩展都遇到了一定的困难，因此它们已经随着欧盟东扩开始向中东欧地区发展新成员。[①] 在网络主题方面，早期建立的跨国城市气候网络均致力于减缓气候变化，后来逐渐将气候适应纳入到网络主题之中。当前C40、气候联盟和能源城市等网络仍重点关注减缓气候变化。而重点关注气候适应的网络包括ACCCRN和GRCN等。在伙伴关系方面，一些网络的合作伙伴主要是非政府机构，包括非政府组织和私人部门，这些网络包括ICLEI、C40、GRCN和ACCCRN等，而另一些网络的合作伙伴主要是政府机构，包括省、地区和超国家机构，这些网络包括欧洲城市网络、能源城市和欧洲市长盟约等。[②] 这些网络所具有的不同特征往往将在很大程度上影响网络的后续发展情况。

① Kristine Kern and Harriet Bulkeley, "Cities, Europeanization and Multi - level Governance: Governing Climate Change through Transnational Municipal Networks", *Journal of Common Market Studies*, Vol. 47, No. 2, 2009, p. 317.

② Wolfgang Haupt and Alessandro Coppola, "Climate Governance in Transnational Municipal Networks: Advancing a Potential Agenda for Analysis and Typology", *International Journal of Urban Sustainable Development*, Vol. 11, No. 2, 2019, pp. 8 - 11.

第二节　跨国城市气候网络的治理方式

跨国城市气候网络的治理方式可以分为内部治理和外部治理。内部治理方式主要包括：1. 促进信息交流，进行能力建设；2. 设定行为基准，采取激励措施。通过内部治理，跨国城市气候网络既可以为其成员提供机会，也可以对其成员进行约束。外部治理方式主要包括：1. 争取国际支持，参与议程设置；2. 建立伙伴关系，提升行动能力。外部治理是增强城市在气候治理中合法性和行动力的必要途径。

一　网络内部治理

（一）促进信息交流 进行能力建设

在信息化时代，正如信息在经济发展和政治进程中所扮演的重要角色一样，信息资源在环境治理中也已经变得日益重要，以至于成为一种促进变革的力量。传统以国家法律、政策和措施为核心的环境治理，已经开始日益围绕信息的获取、生产、审查和控制而重新调整。在围绕信息流构建的多层网络中，催生了多样化的行为体，并由此打破了国家的垄断地位。①

由于掌握着特殊的知识和技术，跨国城市气候网络在全球气候治理中获得了一定的权威。跨国城市气候网络汇集了地方政府在环境与发展领域所采取措施的成功案例与经验，便利了城市之间进行知识、技术和政策的交流与学习。分享最佳实践经验是网络最重要的功能。网络往往会通过举行研讨会和讲习班、建立数据库和发布年度报告等方式为城市提供相关信息。例如，2008 年 8 月，北九州

① Arthur P. J. Mol, *Environmental Reform in the Information Age*: *The Contours of Informational Governance*, Cambridge: Cambridge University Press, 2008, p. 83.

清洁环境倡议网络在泗水举行了固体垃圾管理研讨会，之后菲律宾、泰国、马来西亚、尼泊尔的城市相继开始将泗水模式本地化。① 在2019韧性城市全球大会期间，ICLEI东亚秘书处和联合国减灾署共同邀请到韩国蔚山市、中国珠海市和常德市三个东北亚地方政府的代表，在"东北亚气候韧性城市建设之路"分论坛上，分享他们的实践和经验。② 疫情常态化防控时期，ICLEI仍然坚持举办线上研讨会。③ 在C40举行的一次研讨会上，东京展示了其在减轻核泄漏造成的饮用水污染问题方面的做法，并向其他C40城市就提升水利基础设施方面提供建议，促进了对其成功做法的借鉴，为其他地区优化水资源管理贡献了力量。④ GCoM官网设有资源库栏目（Resources library），包含各类研究报告和政策工具。⑤ 能源城市还曾组织地方官员小组进行实地考察，以便了解当地是如何制定能源政策的。⑥

在长期的发展过程中，许多网络已经积累了越来越多的实践案例，且具有越来越成熟的议题研究能力。网络对其城市成员进行能力建设的途径包括向其提供知识、技术和资金支持等。例如，ICLEI当前在世界范围设立了超过20家办公室，拥有300余名专家为地方政府的可持续发展提供相关建议，助力其走上低排放的、以自然为基础的、公平的、富有弹性的和可循环的发展之路。⑦ ICLEI还通过与加拿大环境咨询公司Torrie Smith Associates进行合作，开发了一个

---

① 薛晓芃：《网络、城市与东亚区域环境治理：以北九州清洁环境倡议为例》，《现代国际关系》2017年第6期，第60页。

② 《东北亚城市于2019韧性城市全球大会分享地方行动》，ICLEI东亚秘书处网站，https://eastasia.iclei.org/zh-hans/nea-cities-at-resilient-cities-2019/。

③ 参见ICLEI官方网站，https://iclei.org/en/webinars.html。

④ Sofie Bouteligier, *Cities, Networks, and Global Environmental Governance: Spaces of Innovation, Places of Leadership*, London and New York: Routledge, 2012, p. 3.

⑤ 参见全球市长气候与能源盟约官方网站，https://www.globalcovenantofmayors.org/resources-library/。

⑥ Harriet Bulkeley and Peter John Newell, *Governing Climate Change*, London and New York: Routledge, 2010, pp. 60-61.

⑦ 参见ICLEI官方网站，https://iclei.org/en/staff.html。

软件包帮助地方政府计算、预测和检测它们的温室气体排放情况。该软件包可以将不同部门和活动的能源消耗数据转化为温室气体排放量，用来评估各种减排措施的效力和经济效益。ICLEI 还组织讲习班来帮助地方政府学习如何使用这种软件。[①] 又如，2019 年 9 月，碳信托与 C40 开始在中国合作，为中国的五个城市（青岛、成都、南京、武汉、福州）提供气候行动规划方面的技术支持。[②] 此外，跨国城市气候网络通过发起一些气候项目争取国际机构和国家政府的资金支持，并联合跨国公司、金融机构和基金会等市场行为体为城市成员的气候行动提供资金支持。例如，2015 年 ICLEI 启动了"变革行动项目"（Transformative Actions Program），该项目为地方政府、技术专家和金融机构提供了一个合作平台，目的是帮助地方政府获得气候资金并吸引投资，支持其将基础设施理念转变为变革性的、成熟的、坚实的和可获利的项目以进行融资并落实。

网络通过促进横向的信息交流起到了建构认同的作用。与此同时，网络联系具有持久性和稳定性，其所形成的结构可以定义、造就和限制成员的行为。[③] 规范和实践可以通过网络加以塑造和扩散。[④] 跨国城市气候网络通过认定何为最佳实践、确定相关的游戏规则（如设定获得资金的标准）以及提供特定形式的政策建议和技术支持，来引导其成员履行特定行为并遵从其制定的规范。[⑤]

---

① Harriet Bulkeley and Michele M. Betsill, *Cities and Climate Change Urban Sustainability and Global Environment Governance*, London and New York: Routledge, 2003, p. 52.

② 《碳信托为"C40 气候行动规划"中国项目提供技术支持，助力五个中国城市气候行动》，碳信托网站，https://www.carbontrust.com/zh/xinwenhehuodong/xinwen-3。

③ Emilie M. Hafner-Burton et al., "Network Analysis for International Relations", *International Organization*, Vol. 63, No. 3, 2009, p. 562.

④ Sofie Bouteligier, *Cities, Networks, and Global Environmental Governance: Spaces of Innovation, Places of Leadership*, London and New York: Routledge, 2012, p. 2.

⑤ Harriet Bulkeley and Peter John Newell, *Governing Climate Change*, London and New York: Routledge, 2010, p. 58.

（二）设定行为基准 采取激励措施

设定行为基准是跨国城市气候网络对城市成员施加的一种软性约束，以促使城市开始制订减排计划，跟进气候行动。例如，ICLEI 规定，参与 ICLEI'S CCP 的城市须承诺采取减缓温室气体排放行动的五个步骤，包括：（1）制定排放基准清单；（2）设定减排目标；（3）开发地方气候行动计划（CAP）；（4）落实 CAP 中的政策和行动；（5）检测和核实减排成果。这些步骤可由城市政府自主实施。[①] 通过参与 ICLEI'S CCP，城市成员既有了通过地方行动共同解决气候变化问题的规范性目标，又做出了采取特别政策措施对温室气体排放进行测量和监督的共同承诺。又如，气候联盟监测气候行动进展的方法包括一份被称为“10 个步骤”的行动清单、措施目录和气候联盟指标，气候政策的制定由此可以在当地被标准化并付诸实践。[②]

这些行为基准的设定为后续的政策评估做了必要的铺垫。政策评估不论是对于城市成员自身还是对于跨国城市气候网络的气候治理都十分关键。跨国城市气候网络中城市成员在气候行动方面的表现将会越来越透明化，并逐步采用标准化的衡量标准。2007 年碳信息披露项目（CDP）与 ICLEI 推出国际城市碳披露计划。每年有数百个城市向 CDP 提交报告。透过 CDP 城市碳披露报告，除了向世界说明城市在减排方面的努力与承诺，也展示城市在低碳经济和绿色投资方面的机会。[③] 2011 年在圣保罗举行的 C40 峰会上，大会提出所有成员每年

---

① Hongtao Yi et al. , “Back – pedaling or Continuing Quietly? Assessing the Impact of ICLEI Membership Termination on Cities' Sustainability Actions”, *Environmental Politics*, Vol. 26, No. 1, 2016, p. 3.

② Kristine Kern and Harriet Bulkeley, “Cities, Europeanization and Multi – level Governance: Governing Climate Change through Transnational Municipal Networks”, *Journal of Common Market Studies*, Vol. 47, No. 2, 2009, p. 322.

③ 陈文姿：《CDP 计划公布全球城市指标 台北、台中、高雄并列 A 级》，台湾环境资讯中心网站，https://e – info. org. tw/node/218150。

向 C40 披露全市温室气体排放情况，以供公众传播和绩效跟踪。[①] 全球市长协定的城市成员如果在报告排放方面不遵守协定，就会被暂停进行合规标记（compliance's badge）。[②] 全球市长气候与能源盟约则要求成员遵循通用报告框架（Common Reporting Framework，CRF）。

跨国城市气候网络为鼓励城市成员的气候行动还采取了发起全球活动和设置城市奖项等激励措施。例如，ICLEI 已经发起或参与了数以百计的倡议和项目，覆盖了全球超过 3500 个城市、乡镇和地区，如城市和地区塔拉诺阿对话（Cities and Regions Talanoa Dialogues）、可再生能源城市与地区网络（The 100% Renewables Cities and Regions Network）、生态交通联盟（EcoMobility Alliance）、城市转型联盟（Urban Transitions Alliance）和城市气候规划师项目（City Climate Planner program）等。[③]

气候联盟每年都会评出“气候之星”（Climate Star）。C40 也设有“城市奖”，主要用于表彰那些在改善气候方面采取积极行动，获得成就，并且与全世界的城市分享成功经验的城市。每届城市奖都设有不同的主题或类别。例如，2019 年的“城市奖”主题是“我们想要的未来”，包括“绿色技术”、“气候适应性”、“绿色移动”、“可再生能源”、“全民参与”、“洁净空气”和“革新性”7 个类别。奖项的设置吸引了城市的积极参与和竞争。如 2015 年，C40“城市奖”收到了来自 94 个城市的共计超过 216 个参加项目的申请。[④] 中国的广州市、深圳市和武汉市都曾获得过“城市奖”。与此同时，许多跨国城市气候

---

① David J. Gordon, “Between Local Innovation and Global Impact: Cities, Networks, and the Governance of Climate Change”, *Canadian Foreign Policy Journal*, Vol. 19, No. 3, 2013, p. 294.

② Paolo Bertoldi et al., “Towards a Global Comprehensive and Transparent Framework for Cities and Local Governments Enabling an Effective Contribution to the Paris Climate Agreement”, *Current Opinion in Environmental Sustainability*, Vol. 30, 2018, p. 69.

③ 参见 ICLEI 官方网站，https://iclei.org/en/featured_activities.html。

④《政府应对气候变化的工作》，香港特区政府新闻网，https://www.info.gov.hk/gia/general/201511/25/P201511250460.htm。

网络还会在官方网站上把在网络中不活跃的城市单列或标记出来。

正向激励机制可以刺激城市成为气候领头羊的信心和决心。而未提交报告和未能获奖的城市则可能会面临同侪压力。激励措施和同侪压力之所以有效，是因为绿色的城市形象已经越来越成为一个城市提升吸引力和竞争力的重要方面，跨国城市气候网络可以借此影响城市的国际声誉。而城市一旦在国际上树立了良好的环境形象，便更容易吸引绿色资本与合作伙伴，继而帮助城市落实具有创新性的绿色政策和项目。因此，可以说，不论是为了应对挑战还是抓住机遇，城市在绿色发展方面都具有积极进取的动力。[①]

二　网络外部治理

（一）争取国际支持 参与议程设置

跨国城市气候网络常常通过游说行为、成果展示、边会活动和直接参与会议等方式来争取外部的认同和支持，并发出属于城市的集体声音，最终参与到国际气候谈判中来。通过参与国际气候治理的机制和进程，跨国城市气候网络可以更好地把握全球气候治理的发展趋势，并据此在城市中间采取协调一致的行动。[②]

能源城市设立在布鲁塞尔的办事处证明了其对于游说欧盟机构的重视，甚至将其视为网络的核心活动之一。其游说主要是通过与欧盟委员会相关总司频繁的个人接触，以及在能源城市办公室与主要官员、市政成员和合作伙伴就热门问题举行的“午餐讨论”来推动的。能源城市认为自己借此促进了信息的“双向流动”，一方面向欧盟委员会提交其城市成员的经验和观点，另一方面就不断变化的

① Sofie Bouteligier, *Cities, Networks, and Global Environmental Governance: Spaces of Innovation, Places of Leadership*, London and New York: Routledge, 2012, p. 12.

② Maryke van Staden and Francesco Musco, eds., *Local Governments and Climate Change: Sustainable Energy Planning and Implementation in Small and Medium Sized Communities*, Dordrecht: Springer, 2010, p. 85.

立法和资金环境向其城市成员提供建议。[1]

治理成果的展示也是跨国城市气候网络的重要活动。例如，2014年，第五届 C40 峰会发布第二份《大城市的气候行动》报告。报告总结展示了过去 3 年来城市应对气候变化的成果。[2] 又如，C40 于 2017年启动了“C40 气候行动规划项目”，为城市提供能力建设、工具指南、专家支持和交流平台等，结合城市现有工作需求，协助城市制定绿色低碳与产业调整相协调且与《巴黎协定》长期目标一致的城市气候行动规划，促进城市绿色低碳发展。该项目已在全球 30 余个 C40 成员城市开展，项目的阶段成果曾在 2018 年的联合国全球气候行动峰会和第 24 届联合国气候变化大会（卡托维兹）上进行专场展示。[3]

跨国城市气候网络的边会活动拥有悠久的历史。在 1995 年，第二届城市气候领导人峰会与第一届联合国气候变化大会（柏林）同时召开，城市领导人向大会提交了一份报告，报告中建议大会建立一个地方政府附属机构，以支持地方政府促进缔约方遵守 UNFCCC 的努力。该报告得到了来自超过 50 个国家的 150 个地方政府的支持，代表了超过 2.5 亿人口。[4] 峰会的成果是建立了地方政府和市政当局团体（Local Governments and Municipal Authorities，LGMA）。自 1995 年，LGMA 开始在国际气候条约体系进程中汇集和代表各种地方政府网络，ICLEI 在其中扮演核心角色。[5] 在

---

① Kristine Kern and Harriet Bulkeley, “Cities, Europeanization and Multi - level Governance: Governing Climate Change through Transnational Municipal Networks”, *Journal of Common Market Studies*, Vol. 47, No. 2, 2009, p. 324.

② 王玉明、王沛雯：《跨国城市气候网络参与全球气候治理的路径》，《哈尔滨工业大学学报》（社会科学版）2016 年第 3 期，第 118 页。

③ 《碳信托为“C40 气候行动规划”中国项目提供技术支持，助力五个中国城市气候行动》，碳信托网站，https://www.carbontrust.com/zh/xinwenhehuodong/xinwen-3。

④ “Local Government Climate Road Map”, ICLEI Official Website, http://old.iclei.org/index.php? id=1201.

⑤ “A Brief History of Local Government Climate Advocacy: The Local Government Climate Roadmap-mission [almost] Accomplished”, ICLEI Briefing Sheet-Climate Series, No. 1, p. 2, https://www.global-taskforce.org/sites/default/files/2017-06/01_-_Briefing_Sheet_Climate_Series_-_LGCR_2015.pdf.

2005 年第 11 届联合国气候变化大会（蒙特利尔）举办期间，第三届城市气候领导人峰会召开。会上地方领导人通过了一项决议，并在联合国气候变化大会上宣读。对于当时在座的许多地方领导人来说，这项决议重申了他们已坚持了 15 年的承诺。决议指出，认识到气候变化对地方社区具有重要影响，地方政府具有应对气候变化的能力；地方政府致力于通过创新行动、监测排放水平和发展战略伙伴关系，在当地减少排放，以激发各管辖区的减排潜力；要求将地方政府纳入到国际谈判、国际政策和国际贸易机制中来。[①]

此后，跨国城市气候网络越来越多地直接参与到联合国气候变化大会中来。例如，2010 年在墨西哥坎昆举行的第 16 届联合国气候变化大会上，地方和次国家政府领导人与大会主席进行了首次对话；地方和次国家政府被正式承认为政府性利益攸关方（governmental stakeholder）。2013 年在波兰华沙举行的第 19 届联合国气候变化大会上，会议主席主持了第一次城市和次国家政府对话。得益于德班平台城市化研讨会，以及 UNFCCC 秘书处和大会主席宣布并批准的首个“城市日”，地方政府在本次会议正式议程中表现突出。会议决定中的第 5 段第二项承认了城市和地方政府在 2020 年前加强全球气候治理雄心方面的作用，并在寻找减少温室气体排放和适应气候变化不利影响的机会方面，为各缔约方提供城市和地方当局的经验和最佳做法，以促进信息交流和自愿合作。[②]

（二）建立伙伴关系 提升行动能力

城市单独采取气候行动的能力有限，它们不仅需要国际组织和

① Tommy Linstroth and Ryan Bell, *Local Action: The New Paradigm in Climate Change Policy*, Burlington: University of Vermont Press, 2007, p. 31.

② Giorgia Rambelli, Lena Donat, “Gilbert Ahamer and Klaus Radunsky: An Overview of Regions and Cities With – in the Global Climate Change Process – A Perspective for the Future, European Committee of the Regions”, p. 7, 10, https://cor. europa. eu/en/engage/studies/Documents/overview – LRA – global – climate – change – process. pdf.

国家政府等上级部门的认可，还需要金融机构和企业等其他行为体的支持。私营部门可以帮助改善公共部门的绩效，因此其正越来越多地承担公共责任。通过广泛建立伙伴关系，跨国城市气候网络可以尽可能多地争取资源，缓解其资金不足的情况，增强自身的治理能力。

例如，CityNet 致力于打造亚太地区最大的利益相关者网络，将地方政府、市民社会和私营部门召集在一起，共同推进更具可持续性的城市行动。当前，CityNet 拥有 110 个地方政府成员，包括智库、高校、NGO 在内 58 个联合成员，包括首尔观光财团在内的 5 个企业成员以及包括联合国粮食及农业组织、亚洲开发银行和城市联盟等在内的多个合作伙伴。①

又如，C40 与克林顿气候倡议（CCI）、世界银行、美国布隆伯格慈善基金会和全球咨询公司奥雅纳集团（ARUP Group）等均建立了合作伙伴关系。这种公私伙伴关系日益发展完善，以至于当今 C40 已经将主要资金提供者和合作组织的代表纳入到其核心组织架构。作为 C40 的成员，伦敦、纽约和东京的市长等城市领导人越来越积极主动地直接发起跨国决策并协调城市行动，这种能力被认为超出了他们传统的权力范围。②

跨国城市气候网络常常利用举办会议的机会加深与外界的交流与对话。ICLEI 每 3 年举办一场世界大会（ICLEI World Congress），让来自全球各地的市长、地方政府官员、国际组织代表、国家级政府单位及网络赞助者，在会议中进行信息交流。③ 在 C40 举行的峰会上，除了城市成员以外，往往也会邀请联合国秘书长等相关国际组

---

① 参见 CityNet 官方网站，https://citynet - ap. org/about - cn/% E5% 85% B3% E4% BA% 8E% E6% 88% 91% E4% BB% AC/。

② Michele Acuto，"City Leadership in Global Governance"，*Global Governance*，Vol. 19，No. 3，2013，pp. 489 - 490.

③《国际组织：地方政府永续发展理事会（ICLEI）》，台湾环境资讯中心网站，https://e - info. org. tw/node/28794。

织的官员、主办国家的政府首脑以及世界银行和跨国公司的代表参与其中。[①]

通过建立广泛而深入的伙伴关系，跨国城市气候网络增强了自身的行动能力。与此同时，跨国城市气候网络加强了城市与其他行为体之间的沟通与合作，这对于全球气候治理中社会资本的积累具有重要的作用。

第三节　跨国城市气候网络的成就与局限

一　跨国城市气候网络的发展成就

跨国城市气候网络的治理效果是最为重要和最受关注，也是最受质疑的问题。对于跨国城市气候网络作用的评估可以细化为三个层面，分别是城市成员层面、网络目标层面和议题治理层面。在成员层面，跨国城市气候网络对于不同成员的绿色发展是否具有积极的促进作用，这同时受到网络成员自身诸多因素的影响，因而评价结果是极具差异性和主观性的，对网络作用的评估结果将影响城市成员在网络中的行为选择。

在网络目标的层面，当前针对网络治理效果进行准确评估的工具及其应用尚未发展成熟，对网络作用的评估结果将影响到不同网络能否获得认同，并关系到其未来的战略调整和生存前景。但值得注意的是，不同的网络都产生于不同的时代背景，处于网络整体发展的不同阶段，并有着自身特殊的定位、理念、战略和目标。不同的网络在成员构成和组织架构等具体方面也存在差异。因此对于网络功能与作用的评估应该具体分析和区别对待，如果采用一样的视

---

① Sofie Bouteligier, *Cities*, *Networks*, *and Global Environmental Governance*: *Spaces of Innovation*, *Places of Leadership*, London and New York: Routledge, 2012, p. 1.

角和标准，不仅有失客观性、针对性和准确性，而且有可能产生无效、错位甚至误导的结论。

在议题治理层面，分析跨国城市气候网络是否促进了全球气候治理的发展完善，需要探寻跨国城市气候网络在全球气候治理中的功能定位和其相对于其他治理主体的治理优势和特色。对网络作用的评估结果关系到所有跨国城市气候网络的未来发展。作为全球气候治理中的一种治理机制，跨国城市气候网络本身可能会发生建立、更新和消亡的情况，它们之间具有合作、互补、合并和竞争等多种关系形式。总体来看，它们之间相互依赖、彼此影响、前后相继，通过一种合力将跨国城市气候网络的发展向前推进，取得了越来越重要的治理成果，提升了城市在全球气候治理中的地位。因此，对于跨国城市气候网络作用的评估，宏观和长期的视角不可或缺。关于跨国气候网络作用评估的相关内容总结见表 3－1。

表 3－1　如何评估跨国城市气候网络的作用

评估的不同层面	评估的注意要点	评估结果的影响
城市成员层面： 跨国城市气候网络对于城市成员的绿色发展是否具有积极的促进作用	由于受到跨国城市气候网络城市成员自身诸多因素的影响，评价结果极具差异性和主观性	评估结果将影响不同城市成员在跨国城市气候网络中的行为选择
网络目标层面： 某个单一的跨国城市气候网络是否达成了既定的网络目标	鉴于不同的跨国城市气候网络在成立背景、战略目标、成员构成和组织架构等方面存在差异，因此对于不同网络作用的评估应该进行具体分析和区别对待	评估结果将影响到某个网络能否获得认同，并关系到该网络未来的战略调整和生存前景
议题治理层面： 跨国城市气候网络在整体上是否促进了全球气候治理的发展完善	应注意到不同中国城市气候网络相互之间的横向和纵向上的紧密联系及其整体发展情况，继而分析跨国城市气候网络相对于其他治理主体的治理优势和特色，找到其在全球气候治理中的功能定位	评估结果关系到跨国城市气候网络的未来整体发展趋向

资料来源：作者根据相关文献整理。

本章将对跨国城市气候网络的整体发展情况进行考察。这将为下一章探讨其在议题治理层面中的作用奠定必要的基础。需要说明的是，虽然全球性和区域性的跨国城市气候网络共同构成了全球气候治理的地方层次，但不同地域范围的网络，其发展环境和发展历程都是各不相同的。鉴于本书所研究的主题，本书将聚焦于全球性而非区域性的跨国城市气候网络的发展。全球性跨国城市气候网络在发展过程中呈现出延续性和进化性。它们可根据建立时间分为第一代、第二代和第三代网络，后一代网络的建立与发展都是以前一代网络的发展成就为基础的，并且它们在当今仍然密切合作、相互支持，彼此之间呈现出一定的互补性和向心力。此外，一些城市同时是几个跨国城市气候网络中的成员，这也成了不同网络之间联结的纽带。各具特色的跨国城市气候网络的纷纷建立不仅吸引了数量众多和不同类型的城市参与其中，而且不同的网络还可以同时展开实验性的治理，探索网络治理的新方式和侧重点，通过共同努力推动跨国城市气候网络在全球气候治理中发挥越来越重要的影响。

概言之，第一代跨国城市气候网络旨在尽可能地将全球范围内更多的城市联系在一起，网络的重要作用在于在城市间传播相关理念，城市成员多为象征性参与；第二代跨国城市气候网络加强了与私人部门之间的伙伴关系，网络的重要作用在于提升城市的气候行动能力，城市成员也相应地开始积极采取行动；第三代跨国城市气候网络与全球气候治理核心机制的联系更为密切，网络的重要作用在于对城市的减排进行规范和评估，城市成员的气候行动也逐渐地融入到全球框架之中。ICLEI'S CCP、C40 和 GCoM 是全球性跨国气候网络在不同发展阶段最具代表性的网络。它们分别以广纳成员、组织建设和排放核算为政策重点推动跨国城市气候网络取得了从理念传播到实际行动，再到结果导向的长足进步，可以说标记了跨国城市气候网络的不同发展阶段。

（一）广纳成员与理念传播

城市气候保护项目是由 ICLEI 的发起者著名的城市学家杰布·

布鲁格曼（Jeb Brugmann）于1993年倡导成立的，是在全球范围内推动城市针对气候变化采取行动的首次尝试。①

ICLEI'S CCP重视成员规模。在成立之初ICLEI'S CCP设定的目标是将其成员的碳排放量减少20%。但是后来为了吸引更多成员，ICLEI'S CCP放弃了任何这类要求，转而支持适合当地的目标。② 当前在全球范围内，ICLEI'S CCP拥有超过800名成员。③

ICLEI'S CCP采取"挂钩"战略，强调应对气候变化与地方减排的协同效益。这些协同效益主要包括增加替代交通方式、节约财政开支、促进地区就业、吸引人才和投资、促进经济发展、提升城市空气和环境质量与增强宜居性等。"挂钩"战略使得地方决策者意识到，气候保护与一些当地目标是一致的。例如在丹佛市，ICLEI的二氧化碳减排项目被认为与当时该市对能源管理和空气质量的关注相一致。如果没有"挂钩"战略，气候变化议题很难在城市中产生共鸣。也正是基于协同利益，城市才得以开始与网络接触，这保障了网络建立初期的顺利发展。④

ICLEI'S CCP通过广纳成员和"挂钩"战略，在全球范围内影响了尽可能多的城市，重构了城市对气候治理的观念和认知，创造了关于当地应对气候变化的可能性的知识，并使得气候变化问题融入地方议程，由此成功地将全球气候变化问题本地化了，这是促进城

---

① 韩柯子、王红帅：《气候治理中的跨国城市网络：特点、作用、实践》，《经济体制改革》2019年第1期，第80页。

② Noah Toly, "Transnational Municipal Network in Climate Politics: From Global Governance to Global Politics", *Globalizations*, Vol. 5, No. 3, 2008, p. 350.

③ Timothy Cadman, ed., *Climate Change and Global Policy Regimes: Towards Institutional Legitimacy*, London: Palgrave Macmillan, 2013, p. 222.

④ Michele M. Betsill and Harriet Bulkeley, "Transnational Networks and Global Environmental Governance: The Cities for Climate Protection Program", *International Studies Quarterly*, Vol. 48, No. 2, 2004, p. 480.

市对全球气候治理进行政策回应的重要第一步。[①]

但 ICLEI'S CCP 的气候行动的具体效果却遭到质疑。第一，庞大的网络规模、分散的组织结构和成员的能力差异都大大影响了网络的决策力和行动力；第二，由于城市往往具有更紧迫的议程，温室气体减排通常只是城市实现其他政策目标的副产品，一些城市成员仅仅将既有的努力重新包装为气候倡议，相对于参与网络之前在行动上并未有任何超越。[②]

但是应该看到，跨国城市气候网络的发展并不是一蹴而就的，即使是城市成员象征性地参与，也具有十分重要的意义。ICLEI'S CCP 的首要作用在于利用其成员的规模优势在城市中间进行了前期的理念宣传，以网络的弱制度性换来了对网络成员的高包容性，这为日后跨国城市气候网络在实践中取得实质性进展奠定了必要的基础。

（二）组织建设与实际行动

2005 年，八国集团峰会在苏格兰格伦伊格尔斯举行，应对气候变化是重点议题之一。在峰会举行期间，时任伦敦市长肯·利文斯通（Ken Livingstone）和时任副市长尼基·加夫龙（Nicky Gavron）召集了 18 个主要城市，召开了为期两天的会议，倡议成立 C40 城市气候领导联盟。从这一成立背景即可看出，C40 希望延续八国集团及二十国集团精悍高效的组织风格，即包含全球影响力最大的行为

---

① Michele M. Betsill and Harriet Bulkeley, "Transnational Networks and Global Environmental Governance: The Cities for Climate Protection Program", *International Studies Quarterly*, Vol. 48, No. 2, 2004, p. 478; Harriet Bulkeley and Michele M. Betsill, *Cities and Climate Change: Urban Sustainability and Global Environment Governance*, London: Routledge, 2003, pp. 53-54; Michele M. Betsill, "Mitigating Climate Change in US Cities: Opportunities and Obstacles", *Local Environment*, Vol. 6, No. 4, 2001, p. 404.

② Michele M. Betsill, "Mitigating Climate Change in US Cities: Opportunities and Obstacles", *Local Environment*, Vol. 6, No. 4, 2001, pp. 402-404.

体，同时严格控制组织规模，弱化道德评判，允许利益考量，借鉴“G体系”敏捷性（agility）、反应性（responsiveness）和定制化（customization）的治理优势，以保障工作效率，发挥组织实际作用。[①]

当前，C40拥有97名成员，占全球GDP的1/4和全球人口的1/12。[②] 起初，C40对成员的吸收采取邀请制，之后设置了高门槛的入会标准。[③] 根据2012年C40新的成员类别指南[④]，只有满足人口或GDP标准的大城市以及在环境和气候领域的创新城市才能申请成为C40的成员。大城市由于制度性分权和政策性分权往往拥有更多的战略诉求、制度空间和资源条件，其对外行为更多地着眼于自身发展而非总体外交定义的国家利益，这就和普通城市产生明显区别。[⑤] 与此同时，C40成员标准的设定对于许多渴望在全球舞台上成为“领导者”的城市来说，也是极具吸引力的元素。[⑥] 因此，对于成员资格的严格规定不仅使C40相对于其他网络有着更大的影响力，而且甚至在一定程度上为其带来了相对于国际条约体系的独立性。

① 巩潇泫：《G20在全球气候治理中的表现分析》，《东岳论丛》2018年第9期，第154页。

② 参见C40官方网站，https://www.c40.org/cities。

③ David J. Gordon, "Between Local Innovation and Global Impact: Cities, Networks, and the Governance of Climate Change", *Canadian Foreign Policy Journal*, Vol. 19, No. 3, 2013, p. 293.

④ C40的成员共分成三类，分别为大城市、创新城市和观察员城市。大城市成员需满足下列两个标准之一：1. 当前或预计2025年市区人口不低于300万和/或大都市区人口不低于1000万；2. 按当前或2025年预计的购买力平价居全球前25%。大城市是C40的核心成员（分布于发达地区和发展中地区）。创新城市标准：不符合大城市标准但在环境和气候领域具有特殊贡献的城市。观察员城市标准：首次申请加入“C40”的新成员或未能达到网络承诺的成员。其中，只有大城市拥有参与C40的领导和决策的机会。参见“C40 Announces New Guidelines for Membership Categories”，https://c40-production-images.s3.amazonaws.com/press_releases/images/25_C40_20Guidelines_20FINAL_2011.14.12.original.pdf?1388095701。

⑤ 汤伟：《发展中国家巨型城市的城市外交——根本动力、理论前提和操作模式》，《国际观察》2017年第1期，第85页。

⑥ Craig Johnson, Noah Toly and Heike Schroeder, eds., *The Urban Climate Challenge: Rethinking the Role of Cities in the Global Climate Regime*, London and New York: Routledge, 2015, p. 69.

以此为基础，C40“国家谈判，城市行动”（cities act while nations talk）的宣传语更体现了城市相对于国家的治理优势和特色。这为提升城市行为体在全球治理中的认同和地位发挥了关键作用。

2011年，迈克尔·布隆伯格（Michael Bloomberg）接任C40主席后，开始致力于通过组织建设改变网络最初的非正式性质以加大管理力度。[①] 当前，C40的组织架构包括主席、指导委员会和由前两者以及主要资金提供者和合作组织的代表组成的理事会。C40建立了以适应、空气、水、能源、交通、建筑、废物处理等为主题的子网络，使面向问题的网络倡议更加专业化。C40还拥有专门的员工部门，负责倡议、区域 & 事项、运营、交流、研究、测量 & 规划。此外，C40通过组织扩展分布在多个不同的地区，嵌入到多个不同的城市成员中，由此提高了C40主动参与城市成员相关项目并提供有价值的资源、联系和服务的能力，促使各城市成员从做出名义上的承诺转向采取实际的地方行动，并由此产生有意义的集体治理成果。[②]

认识到城市在参与气候治理中面临的种种限制，尤其是财政制约后，除了争取上级政府部门的支持外，C40还与克林顿气候倡议、世界银行、世界能源研究所、碳披露项目、奥雅纳集团、世界绿色建筑委员会、美国布隆伯格慈善基金会、英国儿童投资基金会、Realdania基金会等私人部门和非政府组织建立了广泛的战略伙伴关系。这些外部组织从项目实施、技术和资金等方面为C40提供了支持。

---

① Craig Johnson, Noah Toly and Heike Schroeder, eds., The Urban Climate Challenge: Rethinking the Role of Cities in the Global Climate Regime, London and New York: Routledge, 2015, pp. 68 – 71.

② David J. Gordon, "Between Local Innovation and Global Impact: Cities, Networks, and the Governance of Climate Change", *Canadian Foreign Policy Journal*, Vol. 19, No. 3, 2013, pp. 293 – 294; Craig Johnson, Noah Toly and Heike Schroeder, eds., *The Urban Climate Challenge: Rethinking the Role of Cities in the Global Climate Regime*, London and New York: Routledge, 2015, p. 74; C40官方网站，https://www.c40.org/networks。

通过引入市场机制和采取公私混合的治理模式，网络的治理能力得到了显著提升。鉴于C40在不同的治理主体中通过发挥中介作用促进展开了互为补充的治理活动，这被学者称为“从中间进行治理”。①

C40官方网站称，根据城市成员的报告，其1/3的行动直接受到了城市间合作的影响，70%的C40城市成员由于参与了C40而实施了新的、更好的或更快的气候行动。② 此外，C40成员中的全球城市是就全球议题向世界分享和扩散信息的场所，这使得C40的意义大大超越了“地域的空间”的局限性，得以在“流的空间”中发挥影响力。③ C40在成员的准入方面虽然是有限制的，但是却以其实际行动在全球范围产生了示范效应。C40所取得的治理成效推动了跨国城市气候网络的进一步发展，使其在全球气候治理的舞台上收获了认同和地位。

但是，由于C40没有使用统一的测量工具，难以证明其城市成员减排的实际贡献量。在对C40城市的减排承诺进行分析后表明，其城市成员应用了9个不同的基准年份，减排目标在不同时间段内设定在7%～100%不等，减排度量指标也存在绝对指标和人均指标的差异，这使得对各城市成员减排目标的评估和比较变得十分困难。④

（三）排放核算与结果导向

GCoM于2017年在UNFCCC秘书处城市与气候变化问题特使布

① Mikael Román, “Governing From the Middle: The C40 Cities Leadership Group”, *Corporate Governance*, Vol. 10, No. 1, 2010, pp. 73 – 77.

② 参见C40官方网站，https://www.c40.org/networks。

③ Taedong Lee, *Global Cities and Climate Change: The Translocal Relations of Environmental Governance*, London and New York: Routledge, 2015, p. 53.

④ Friederike Gesing, “The New Global Covenant of Mayors for Climate & Energy and the Politics of Municipal Climate Data”, *Zentra Working Papers in Transnational Studies*, No. 71, 2017, p. 18; Jennifer S. Bansard et al., “Cities to the Rescue? Assessing the Performance of Transnational Municipal Networks in Global Climate Governance”, *International Environmental Agreements: Politics, Law and Economics*, Vol. 17, 2016, p. 238.

隆伯格和欧盟副主席谢夫乔维奇（Maroš Šefčovič）的共同主持下正式成立，是当前规模最大的跨国城市气候网络。GCoM 由来自六个大洲 138 个国家的超过 11000 个城镇组成，代表了全球 10 亿多人口。①

GCoM 由全球市长协定和欧洲市长盟约两个网络合并而成。前者是在 C40 和 ICLEI 等城市网络的支持下，由时任联合国秘书长潘基文与布隆伯格特使于 2014 年共同发起成立的。GCoM 以《城市温室气候核算国际标准》（GPC）为其建立的基础和政策核心，旨在促进温室气体减排、追踪目标完成进展，以及充分应对气候变化影响。GPC 是由世界能源研究所、C40 和 ICLEI 在世界银行、联合国人居署、联合国环境规划署的支持下，以及 29 个顾问委员会委员、200 多名利益相关方、35 个试点城市的参与下，按照温室气体核算体系（GHG Protocol）标准制定过程共同开发的。GPC 于 2014 年 12 月 8 日由世界能源研究所、C40 和 ICLEI 联合发布，是首个测量和报告城市碳排放的全球标准，也是支持城市气候行动的最具战略性的文件之一。

合并完成后的 GCoM 将《巴黎协定》框架下的国家自主贡献作为各国城市成员减排的最低目标，并寻求将 GPC 确定为测量和报告城市成员温室气体排放量的唯一标准。在此之前，各城市使用的温室气体清单编制方法迥异，城市排放核算和报告缺乏统一透明的方法。现在这一情况得到了改善。GPC 将通过有力和清晰的框架、可信的排放核算和报告实践，帮助城市建立排放基线、设定减排目标、制订针对性更强的行动计划并追踪减排进展，同时也为其通过相关评估以获得资金支持提供了便利。采用 GPC 后，城市就可以通过该计划的数据库 carbonn® 报告排放情况。② 而 GCoM 则可以通过 GPC

---

① 参见全球市长气候与能源盟约网站，https://www.globalcovenantofmayors.org/impact2019/。

② 《〈城市温室气体核算国际标准〉（GPC）——城市温室气体排放核算和报告通用标准》，中国碳排放权交易网，http://www.tan3060.com/tanjiliang/10647.html。

将城市成员能源与气候行动的相关数据进行有效的收集整合，由此既能够在不同城市和地区之间进行横向对比和掌握历史趋势，又可以看到城市行动在全球层次的集合效用，这会极大地提升跨国城市气候网络在全球气候治理中的话语权和说服力。①

随着应用范围的增加，未来 GPC 可能会在跨国城市气候网络中起到一种“强制通过点”的作用。② 如果标准化的排放计算成了政治代表权或寻求资金支持的先决条件，那么跨国城市气候网络的治理方式就会发生重要转变。如果 GPC 作为计算城市排放量的标准成功地在全球范围得到了认同，跨国城市气候网络的治理就会建立起新的秩序。③ 不过，虽然结果导向的治理代表着跨国城市气候网络的发展趋势，但是对公共信息商品化的相关质疑和担忧仍使其发展面临着不小的现实挑战。④ 表 3－2 对作为代表性跨国城市气候网络的 ICLEI'S CCP、C40 和 GCoM 的基本信息进行了汇总。

表 3－2　代表性跨国城市气候网络的基本信息

网络名称	建立时间	发起者身份	成员情况	治理策略	主要作用	不足之处
ICLEI's CCP	1993 年	城市学家	800 多个成员（占全球排放量 15%＋）	广纳成员：采取挂钩战略发挥规模优势	进行理念传播	城市成员的象征性参与

① Friederike Gesing，“The New Global Covenant of Mayors for Climate & Energy and the Politics of Municipal Climate Data”，*Zentra Working Papers in Transnational Studies*，No. 71，2017，pp. 18－19.

② “Obligatory Passage Point，OPP” 指使得城市主动自觉以此为目标和导向指导自己的政策和行动。参见 John Law，ed.，*Power*，*Action and Belief*：*A New Sociology of Knowledge*? London：Routledge，1986，pp. 196－233。

③ Felix Wilmsen and Friederike Gesing，“The Global Protocol for Community－Scale Greenhouse Gas Emission Inventories（GPC）－A New Passage Point on an Old Road?”，*Zentra Working Papers in Transnational Studies*，No. 68，2016，p. 34.

④ Friederike Gesing，“The New Global Covenant of Mayors for Climate & Energy and the Politics of Municipal Climate Data”，*Zentra Working Papers in Transnational Studies*，No. 71，2017，p. 22.

续表

网络名称	建立时间	发起者身份	成员情况	治理策略	主要作用	不足之处
C40	2005 年	伦敦市长	97 个成员（占全球 1/4 GDP 和 1/12 的人口）	组织建设：设置成员门槛 完善内部架构 公私伙伴关系	推进实际行动	缺乏统一的评估标准
GCoM	2017 年	UNFCCC 秘书处和欧盟官员	11000 多个成员（覆盖十亿多人口）	排放核算：设定统一标准 整合排放数据	提升可说明性	可能出现公共信息的商品化

资料来源：笔者根据各组织官方网站信息自制。

综上所述，跨国城市气候网络的气候治理呈现出一种循序渐进、平稳进步的趋势（见图 3－1）。未来可以期待，跨国城市气候网络将在全球气候治理中扮演日益重要的角色。更重要的是，不同的跨国城市气候网络之间保持着十分密切的合作关系。例如，C40 和 GCoM 的建立都得到了 ICLEI 的支持；C40 和 ICLEI 合作推出了 GPC；GCoM 本身就是由两个网络合并而成；等等。它们还常常联合发起倡议和项目，如“城市零碳排放竞赛”（Cities Race to Zero）。[①] 除了既有网络会为后续建立的网络提供基础和支持外，具有后发优势的网络也会反过来推动先前建立的网络在新形势下的进化与更新。跨国城市气候网络的整体发展呈现出向心力。其中，ICLEI 作为最早成立的跨国城市气候网络，在不同网络之间的合作中一直扮演中心角色。

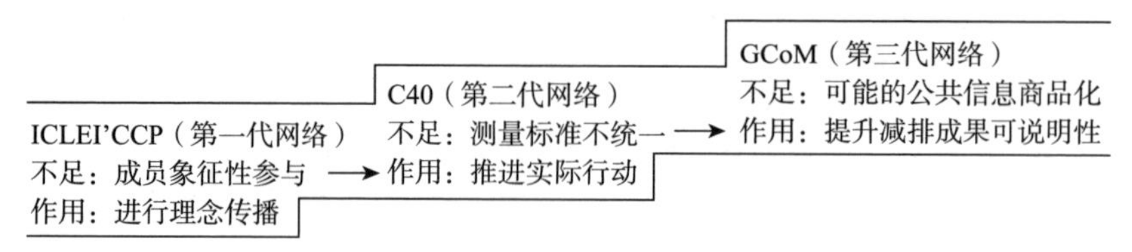

图 3－1　代表性跨国城市气候网络的整体发展逻辑

① “72 Cities & Local Authorities Join the Cities Race to Zero Campaign on Paris Agreement 5－year Anniversary”, C40 Official Website, https://www.c40.org/press_releases/race-to-zero-campaign-paris.

二　跨国城市气候网络的发展局限

（一）跨国城市气候网络发展的固有局限

1. 网络权力具有自反性

网络治理固有的去中心化的倾向，例如建立区域办公室或发起国家级倡议，导致了网络权力的自反性，这可能影响网络朝着既定目标方向推进的力度和效率。跨国城市气候网络的运作依靠的是城市之间的互动关系，而不是游离于各城市主体之外的制约关系；依靠的是网络为其成员提供的辅助性工具和资源，而不是对其成员施加的压力和发出的指令。[①] 网络治理的优势在于适应性和灵活性，网络权力的加强也是以此为前提限度和条件的。但是，这两者之间存在着一定的矛盾。因此，跨国城市气候网络如果想继续在注重本地实际特殊情况的同时，致力于为全球治理做出实质性的贡献，就会面临相当大的障碍。[②]

2. 网络面临财政制约

稳定和充足的资金来源是跨国城市气候网络提高治理能力的关键。但跨国城市气候网络的成员缴费往往只占其开销的不到一半。[③] 资金的缺乏是制约跨国城市气候网络早期发展的瓶颈之一。当今，跨国城市气候网络在统一排放核算标准，争取全球舞台的关注和认可以及广泛建立伙伴关系方面取得了长足进展之后，上述问题已经得到了大大缓解。但是，鉴于网络对于国际组织、国家政府、金融

---

① 韩柯子、王红帅：《气候治理中的跨国城市网络：特点、作用、实践》，《经济体制改革》2019 年第 1 期，第 77 页。

② Craig Johnson, Noah Toly and Heike Schroeder, eds., *The Urban Climate Challenge: Rethinking the Role of Cities in the Global Climate Regime*, London and New York: Routledge, 2015, p. 77.

③ Kristine Kern and Harriet Bulkeley, "Cities, Europeanization and Multi-level Governance: Governing Climate Change through Transnational Municipal Networks", *Journal of Common Market Studies*, Vol. 47, No. 2, 2009, pp. 323-324.

机构和慈善机构的资金支持具有很强的依赖性，网络仍不可避免地受到它们的影响，从而削弱了跨国城市气候网络的独立性和自主性，在一定程度上制约着跨国城市气候网络的发展方向。

3. 网络成员具有从属性

城市作为网络的成员，其采取气候行动的空间是由国家政治、法律和政策环境所决定的。城市对一些超出其管辖范围的排放源的影响是有限度的，需要在国家层次上进行统筹管理和政策协调。因此，跨国城市气候网络呈现出低授权性的特点。[①] 网络中城市成员的表现始终会受到本国政府的影响、监督和制约。国家政府对跨国城市气候网络中本国城市成员气候行动的政策支持程度会直接影响到城市的表现。鉴于跨国城市气候网络必须尊重其城市成员的自主性，网络本身并不具有强制力，仅能对成员施加软性约束。此外，一些城市选择加入跨国城市气候网络可能并非出于对气候变化问题的关注，而是仅仅希望通过加入网络提升城市形象来吸引投资和移民等。

4. 城市可能存在部门冲突

一些跨国城市气候网络如 ICLEI'S CCP 假定地方气候行动有赖于更多的知识和技术，但事实证明，地方气候保护不仅是一个技术层面的问题，而且是一个政治性问题。不是权力寻求知识，而是权力界定什么是所谓的知识。气候变化的政治性不仅存在于国际谈判和国内政策发展中，同时存在于地方层次。[②] 正如温室气体的来源多种多样一样，减排计划涉及许多政府部门。但大多数城市政府被划分为不同的专业部门，形成了谷仓效应（Silo Effect），限制了部门之间的沟通和以跨职能方式开展地方行动的能力。在这种情况下，政府结构本身就会对启动有效的应对气候变化市政项目产生抑制作用。

---

① 韩柯子、王红帅：《气候治理中的跨国城市网络：特点、作用、实践》，《经济体制改革》2019 年第 1 期，第 77 页。

② Harriet Bulkeley and Michele M. Betsill, *Cities and Climate Change Urban Sustainability and Global Environment Governance*, London and New York: Routledge, 2003, p. 185.

因此，城市领导人的政治意愿和能力、协调性部门（如环境和可持续发展部门或气候和能源特别工作组）的建立和完善，以及专业的人力资源配备都影响着城市在跨国城市气候网络中的表现。[①]

（二）跨国城市气候网络发展的影响因素

1. 网络之间的竞合关系

跨国城市气候网络的发展并不是彼此孤立的，它们相互之间往往存在密切的联系。网络在发展过程中可能会发生合作、竞争和合并等情况。网络之间的合作是跨国城市气候网络发展的主流和趋势。网络之间的合作往往是以彼此之间的功能互补和资源整合为基础的，因此可以促进网络整体的发展完善。对于不同的网络而言，对自身特点的准确定位并制定相应的治理策略对于其自身的长远发展显得尤为重要。可以看到，ICLEI 和 C40 等具有不同特点的跨国城市气候网络在开发技术工具，以及发起城市气候倡议等方面都保持着紧密的合作，并取得了共赢的结果。此外，它们还对后续新的跨国城市气候网络的成立给予必不可少的支持。而通过网络之间的合并而成立的新网络（如 GCoM），则可以直接借鉴和吸收欧洲市长盟约的治理方法，因此合并也是加速网络建设和发展的另一种途径和方式。

值得注意的是，一个城市可能同时是多个跨国城市气候网络的成员，这一越来越普遍的现象已经成了强化网络之间联系的重要因素。这些具有多重网络成员身份的城市会促进不同网络的目标和标准等朝着趋同而不是冲突的方向发展。[②] 此外，超国家机构的政策引导将成为网络竞合关系的影响因素。例如，欧盟将跨国城市气候网络视为贯彻欧盟政策的工具，在欧盟的政策框架下，不同的跨国城

① Tommy Linstroth and Ryan Bell, *Local Action: The New Paradigm in Climate Change Policy*, Burlington: University of Vermont Press, 2007, p. 48.

② Andrew Jordan, Dave Huitema, Harro van Asselt and Johanna Forster, eds., *Governing Climate Change: Polycentricity in Action?* London and New York: Cambridge University Press, 2019, p. 172.

市气候网络常常合作发起倡议，如旨在通过城市间相互交流学习推动城市减缓和适应气候变化行动的友好城市项目。①

2. 网络成员之间的分化

跨国城市气候网络的成员往往具有较大的差异性，网络对成员的影响力也不是均匀的。第一，跨国城市气候网络吸引的往往是已经在气候治理领域表现优异的城市，而那些表现糟糕的城市往往并不愿意加入到网络之中。第二，对于已经加入到网络中的城市来说，在网络中表现积极活跃的城市对网络目标具有更高的贡献度，往往在网络中扮演核心和领导的角色，而表现被动消极的城市则日益被边缘化。当前，表现活跃的城市成员往往集中于北美洲和欧洲，造成了网络成员的南北分化。第三，表现越积极的城市在网络中可能的获益就越多。甚至一些重要的核心城市并非通过网络影响决策，而是将网络视为将自身决策合法化的工具。因此，跨国城市气候网络往往被视为属于先锋城市的网络。这使得网络的民主性受到了一定程度的质疑。② 第四，一个城市的成功案例往往难以被直接借鉴到其他城市中。尤其是非洲和亚洲正在经历大规模的城市化进程，而北方国家城市的治理经验在南方国家城市中可能并不会起到积极的效果。而一些大城市的案例借鉴到一些拥有较小权力和较少资源的小城市中时也会困难重重。因此，跨国城市气候网络所提供的信息需要在一般性信息和特殊性信息之间取得平衡。③

---

① Wolfgang Haupt and Alessandro Coppola, "Climate Governance in Transnational Municipal Networks: Advancing a Potential Agenda for Analysis and Typology", *International Journal of Urban Sustainable Development*, Vol. 11, No. 2, 2019, p. 9.

② Wolfgang Haupt and Alessandro Coppola, "Climate Governance in Transnational Municipal Networks: Advancing a Potential Agenda for Analysis and Typology", *International Journal of Urban Sustainable Development*, Vol. 11, No. 2, 2019, p. 4.

③ Andrew Jordan, Dave Huitema, Harro van Asselt and Johanna Forster, eds., *Governing Climate Change: Polycentricity in Action*? London and New York: Cambridge University Press, 2019, pp. 89 – 93.

3. 城市领导人的个人因素

全球化和城市化进程所带来的双重挑战向城市的治理能力提出了新的要求。一些陆续崛起的全球城市开始为本市的治理需求相对独立地在全国范围和全球范围内争取政治资源。市长在国际舞台上变得更加活跃。同时，在许多国家，地方议员是由地方选民直接选举产生的。通过民主选举当选的地方领导人由此获得了在辖区内追求自身目标和政策议程的合法性。[①] 对城市而言，关注新能源、精明增长（Smart Growth）和其他绿色行动的市长比先前并不关心环境问题的市长更容易将全球气候问题纳入地方议程。当上级政府下达政策命令时，其市政府的工作人员也更擅长于寻找到当地的气候变化应对方案。[②] 在气候治理方面能力突出的城市领导人，同时也很可能是跨国城市气候网络发展的引领者。

例如，时任伦敦市长的利文斯通 2004 年提出的伦敦规划将城市治理和自己的抱负结合起来，意在将伦敦发展成为一座绿色城市。利文斯通一直关注如何应对气候变化的问题，这影响了他在交通运输、公共住房和商业发展方面所制定的城市政策。他号召伦敦在 20 年里从本地高效能源中获取 25% 的用电量，将碳排放减少 60%。对此他投入了大量资源。[③] 2005 年利文斯通便发起成立了 C40。又如，布隆伯格 2002～2013 年任纽约市长期间，推出了独特的创新计划来应对气候变化，其中许多项目获得了成功，包括更换白屋顶，优化建筑规范；提供清洁的供暖；设立步行街，构建公共空间；改善交通，共享街道；恢复生态，重建自然屏障等。这些措施促进了可

① Taedong Lee, *Global Cities and Climate Change: The Translocal Relations of Environmental Governance*, New York: Routledge, 2015, p. 32.

② Tommy Linstroth and Ryan Bell, *Local Action: The New Paradigm in Climate Change Policy*, Burlington: University of Vermont Press, 2007, p. 47.

③ Diane Stone and Kim Moloney, *The Oxford Handbook of Global Policy and Transnational Administration*, Oxford: Oxford University Press, 2019, p. 117.

持续发展，帮助纽约市减少了近20%的碳排放量。[①] 2010年布隆伯格接任C40主席后，开始呼吁全球关注城市在应对气候变化过程中的领导作用，并开始致力于加强网络的组织能力建设，改变此前C40对城市成员依赖严重和管理方式被动的情况。[②] 此外，布隆伯格还曾于2014年、2018年和2021年三次被联合国任命为气候行动特使。

本章小结

跨国城市气候网络具有跨国城市网络的一般特征，它属于跨国机制和政府性行为体，是治理网络的一种。同时，跨国城市气候网络又可以根据不同的标准划分为多种类别，可见其虽然数量众多却又各具特色。跨国城市气候网络普遍采取的治理方式是：一方面通过信息交流、能力建设、基准设定和激励措施等内部治理措施促进其城市成员的气候行动，另一方面通过争取国际支持、参与议程设置、建立伙伴关系、提升行动能力等外部治理措施争取城市和跨国城市气候网络在全球气候治理舞台上获得认同和支持。

不同的跨国城市气候网络通过相互之间的密切合作，共同推进跨国城市气候网络在整体上取得了持续性的发展。通过对ICLEI'S CCP、C40和GCoM这三个在网络发展不同时期最具代表性的全球性跨国城市气候网络的案例考察可以发现，ICLEI'S CCP在全球范围为城市参与全球气候治理奠定了理念基础之后，C40利用成员质量和

---

① 《纽约前市长布隆伯格新书：城市是拯救地球的关键》，新浪网，http://news.sina.com.cn/o/2017-11-19/doc-ifynwxum5627600.shtml。

② David J. Gordon, "Between Local Innovation and Global Impact: Cities, Networks, and the Governance of Climate Change", *Canadian Foreign Policy Journal*, Vol. 19, No. 3, 2013, p. 294; Craig Johnson, Noah Toly and Heike Schroeder, eds., *The Urban Climate Challenge: Rethinking the Role of Cities in the Global Climate Regime*, London and New York: Routledge, 2015, p. 74.

组织能力的优势推动了城市气候行动的实践。随后，GCoM 又将标准化测量城市减排成果当成了网络的重点政策目标。这一从理念传播到实际行动再到成果导向的持续发展进步说明跨国城市气候网络不仅已经取得了实际的治理成果，而且其治理成果也将愈益具有可说明性和可说服性。

跨国城市气候网络数量众多，形式多样，每一个单一的跨国城市气候网络在成立背景、组织特点、发展策略和实际作用方面都各不相同，也都具有自身的成就和局限，而这些局限与其优势都是由不同跨国城市气候网络的自我定位和发展阶段所决定的，突破局限就需要面临消解优势的两难选择。因此，对于这些跨国城市气候网络的成就与局限都需要客观的认识。跨国城市气候网络本身也会根据环境的变化针对其各自的优缺点在实践中不断地自我调整，这是一个长期的渐进性的适应和进化过程。

与此同时，跨国城市气候网络在治理机制层面也面临一些固有的局限，包括权力的自反性、财政的依赖性、成员的从属性、部门的冲突性等。但是，这些问题的存在并不意味着应该为设计一个完美的跨国城市气候网络寻求出路。这反而表明，任何一种特定的治理机制，无论是作为核心治理机制的国际气候条约体系还是代表新兴治理机制的跨国城市气候网络，都不可能仅仅通过自我完善的方式独自达成全球气候治理的既定目标。各种治理行为体和治理机制之间的合作已经成了必然的趋势（而对于单一的跨国城市气候网络而言，情况更是如此，不同跨国城市气候网络之间相互依赖、相互支持并相互合作，每个单一的跨国城市气候网络的发展都受到内部系统和外部环境的共同影响）。

本章对跨国城市气候网络所做的全景式梳理意在表明，在国际政策话语中一定程度上出现“城市转向”的背景下，跨国城市气候网络作为地方机制已经在全球气候治理领域中占据了一席之地，这表明全球气候治理中的地方治理层次正不断地发展完善。作为全球多层气候治理中的一个构成部分，跨国城市气候网络在全球气候治理中拥有着系统性的重要和长期的影响。下文将以全球地方主义治理为分析框架探讨其在全球气候治理中所能起到的潜在和具体作用。

第四章　跨国城市气候网络的全球地方主义治理实践

跨国城市气候网络经历了三十余年的发展，既取得了稳步的发展成就，同时又面临着固有的局限。需要注意的是，跨国城市气候网络在全球气候治理中并不是孤立存在和自行发展的。在全球气候治理领域中，国际气候条约体系是最早出现且一直是最重要的治理机制。而跨国城市气候网络的涌现与发展，在一定程度上可以看作对既有主要全球气候治理机制治理效果不足的一种回应。[①] 在全球性跨国城市气候网络发展的初期和中期，其对于自身独立治理能力的强调是一种重要的基础性和阶段性策略，但是从长远发展来看，探索跨国城市气候网络在整个全球气候治理体系中的功能定位，将是一个十分重要的研究课题，这将有助于推动其与其他全球气候治理主体在相互合作中达到协同增益的治理效果。

因此，对于全面了解跨国城市气候网络的作用，除了从城市成员层面和网络目标层面去考察外，将跨国城市气候网络放到议题治理层面中去加以探索也是必不可少的环节。根据此前的分析，本书认为国际气候条约体系和跨国城市气候网络是全球地方主义治理的主要实践载体。因此，本章以全球地方主义为分析框架，以治理方

---

① Sofie Bouteligier, *Cities*, *Networks*, *and Global Environmental Governance*: *Spaces of Innovation*, *Places of Leadership*, London and New York: Routledge, 2012, p. 2; Harriet Bulkeley and Peter John Newell, *Governing Climate Change*, London and New York: Routledge, 2010, p. 55.

式而非治理结果为侧重，来分析跨国城市气候网络在全球气候治理中发挥的作用。这既可以为国际气候条约体系和跨国城市气候网络在全球气候治理中的合作打开思路，也可以充分地体现出跨国城市气候网络在全球气候治理中的治理特色和相对优势。

基于本书的分析框架，探讨跨国城市气候网络在全球气候治理中的作用应该以气候变化问题的全球地方性为着眼点。以往，人们常常倾向于将气候变化问题视为全球性、单一性和科学性的问题，相对地忽略了气候变化问题的多层性、综合性和人文性。但气候变化的全球地方性提示我们，首先，气候变化问题存在于从全球到地方的不同尺度中；其次，气候变化问题具有社会和经济等附属维度；最后，气候变化问题与人的行为、观念乃至文化息息相关。

对气候变化问题的认知方式与对其治理方式的偏好和选择是高度相关联的。传统的认知方式使得全球尺度中自上而下的、基于科学分析的制度设计在全球气候治理中占据了绝对的主导地位。但是实践已经证明，单独依靠这种治理方式并不能达到全球气候治理的既定目标。其弊端包括：治理层次的单一、政策落地的困难和公众参与的缺乏等。而跨国城市气候网络的建立和发展在推动多层次治理、开展适应性治理和促进参与式治理三个方面对当今的全球气候治理起到了重要的补充和完善作用。

第一节　推动多层次治理

如前所述，气候变化问题具有多层性，全球气候治理不应该寻求最合适的层次，而是应该探索如何在不同层次同时有效地制定政策。国际气候条约体系作为全球气候治理的核心机制聚焦的是全球层次的气候治理。国际气候治理机制为解决气候变化这一全球性问题，通过依靠各个国家以行政手段在各国国内执行国际协定的方式进行气候治理。长久以来，这被认为是应对气候变化问题的最佳方式。但是这种简单的治理方式并不完备，它不仅不具备确保国家参与和遵约的强制性，对国家内部行为的直接影响力也很有限。如果国家拒绝签署或退出协定，那么国际气候治理机制将无法发挥预期作用。由于国际气候治理的政治化倾向，相关的国际合作一直面临着重重阻碍。1997年《京都议定书》的达成曾作为全球气候治理的巨大成功而被寄予厚望，但是该议定书却在实践中日渐陷入僵化和停滞。2015年的《巴黎协定》虽然通过国家自主贡献重新凝聚了各国的共识，但其代价是由于可能缺乏统一核算规则和对目标力度的指导与强制性要求，而难以保证整体行动的效度。[①] 在这些困境面前，我们不应该只看到气候变化问题的全球性，更应该看到其多层性。[②] 全球气候治理中的治理机制也不是单一的，不能过度依靠国际气候条约体系独自发挥作用，而是应积极寻求与其他层次治理机制的合作。

推动多层次治理是全球地方主义治理的内在要求之一，是指全球机制和地方机制聚焦共同的治理对象，并且通过两者之间的互动与合作产生累积性的治理成果，继而达到打破国内事务和国际事务之间界限以及全球治理与国家治理之间区隔的目的。研究多层次治理不能过度聚焦“层次”本身，而是应该关注相互依赖的跨层次间的互动“关系”。[③] 对于国际气候条约体系和跨国城市气候网络而言，它们在治理能力、治理方式，以及对彼此的影响力方面都存在区别。

国际气候条约体系由国家构成，而国家是全球气候治理中最主

---

① 邓梁春：《“自下而上”气候治理模式的新挑战》，中外对话网站，https://chinadialogue.net/zh/3/42951/。

② David W. Cash et al.，“Scale and Cross-scale Dynamics：Governance and Information in a Multilevel World”，*Ecology and Society*，2006，https://ecologyandsociety.org/vol11/iss2/art8/main.html.

③ 曹德军：《嵌入式治理：欧盟气候公共产品供给的跨层次分析》，《国际政治研究》2015年第3期，第67页。

要的责任方和最重要的行为体。国际气候条约体系可以通过“自上而下”的方式直接地推行全球气候治理，即以全球价值观为指导，以促进全球共同利益为原则，从全球问题本身出发，经各国谈判达成全球协定，继而由各国政府负责协定的实施。这种全球机制对地方机制的影响也是毋庸置疑的。

但是对于跨国城市气候治理网络而言，城市作为其构成成员，本身并不是全球问题的最大责任方，也不具备最大的行动力。在城市参与的自愿性和网络权力的局限性的现实条件下，跨国城市气候网络推行全球气候治理时需要从地方具体情境出发采取“自下而上”的间接治理方式，对国际气候条约体系的影响力方面也面临困难和挑战。

跨国城市气候网络面临的难题包括如何在城市尺度中纳入全球性的目标，以及如何使地方行动超越原有的地方议程进而产生全球性贡献。这关系到跨国城市气候网络和国际气候条约体系能否聚焦共同的治理对象，并通过互动与合作产生累积性的治理成果。对此，跨国城市气候网络的方法是先寻求将应对气候变化问题纳入地方议程，继而以激励、提升和扩大地方气候行动为途径来推行全球气候治理，即全球气候地方化和地方气候治理全球化两个步骤。虽然跨国城市气候网络的治理不如国际气候条约体系有效率，但是却为全球气候治理增添了必要的治理层次，且产生了国际气候条约体系所不具备的治理优势。总之，跨国城市气候网络充当了沟通全球与地方的桥梁，成了在全球问题和地方问题之间以及全球治理和地方治理之间相互转化的中介，为推进全球气候多层治理做出了重要贡献。

一　全球气候问题地方化——将全球气候问题纳入地方议程

将全球气候问题纳入地方议程具有牢固的现实基础，即随着全球化和城市化的不断发展，全球问题和城市问题已经高度重合，包括环境污染、疾病传播、贫困问题、难民问题和可持续发展等。城市是全球问题的集中地和责任方，而城市问题也只有在全球框架下才能得到有效的解决。就气候变化问题而言，一方面，城市活动是温室气体排放的主要来源。据估计，全球75%的二氧化碳排放来自城市。包括能源在内的大部分资源在城市中被消耗，包括碳排放在内的大部分废物在城市中产生。作为现代城市生活特征的高消费主义也是气候变化的一个关键因素。因此，城市有义务将气候变化问题视为其合理关切，采取切实行动参与到全球气候治理中来。另一方面，气候变化在很大程度上影响着城市生活。全球气温上升导致海平面上升，增加了洪水、干旱和风暴等极端天气事件的发生频率，并加速了热带疾病的传播。所有这些都对城市的基本服务、基础设施、住房以及居民的生计和健康产生了代价高昂的影响。对于城市所面临的气候威胁而言，城市需要在全球范围采取联合行动加以应对。

跨国城市气候网络为全球气候问题的地方化提供了途径。城市与国家一样，在参与全球气候治理时存在集体行动的难题。更为严重的是，城市对于自身应对气候变化问题缺乏效能感。为解决这一问题，跨国城市气候网络采取"挂钩"战略，强调应对气候变化和地方减排之间的协同效益。这些协同效益包括提高空气质量、促进公众健康、减轻交通拥堵、提高城市宜居性、增加就业机会等。[①]"挂钩"战略由此避免了城市参与全球气候治理时与当地既有议程发生冲突，为将应对气候变化问题融入地方议程创造了机会。"挂钩"战略还使地方的减排行动得以和应对全球气候变化关联起来。市政领域中家庭住房、能源供应、交通法规、照明设备、建筑材料、土地使用、废弃物处置和城市规划等问题从此拥有了地方层面和全球层面的双重意义。这对于增强城市在全球治理中的参与感、责任感和效能感都至关重要。

---

① Gard Lindseth, "The Cities for Climate Protection Campaign (CCPC) and the Framing of Local Climate Policy", *Local Environment: The International Journal of Justice and Sustainability*, Vol. 9, No. 4, 2004, p. 327.

实现全球气候问题的地方化除了需要应用“挂钩”战略以外，还需要跨国城市气候网络的成员能够覆盖一定比例的全球排放总量、全球 GDP 总额、全球人口总数，并作为网络节点分布在尽可能广泛的地理空间。为此，不但网络本身的发展会使其成员数量呈现出不断扩充的趋势，而且不同类型的跨国城市气候网络的涌现也为最大限度地吸引不同特点、需求和偏好的城市加入其中提供了可能。例如，在中国，加入 ICLEI'S CCP 和 GCoM 的城市数量都非常少，但加入 C40 的中国城市却多达十几个。只要城市加入了至少一个跨国城市气候网络，就意味着它开始成了全球气候问题地方化的载体。

在跨国城市气候网络的努力下，“全球性思考，地方性行动”成了城市参与全球气候治理的理念基础与现实途径。城市则得以以最低的成本获得了全球气候治理中的参与者身份。从城市自身的角度看，跨国城市气候网络所采取的“挂钩”战略也迎合了城市提高治理能力的内在需求。在全球化的背景下，地方治理需要更多地以全球性的视角下来审视和处理问题，需要与治理伙伴相互合作来解决共同面临的问题。① 例如，C40 就将城市节能减排降耗的问题上升到全球气候治理的层面，以期通过相互间联合采购和运用集体力量争取外部资源和支持等方式来推动城市的绿色低碳发展。总之，全球问题和地方问题是可以通过跨国城市气候网络相互转化的。跨国城市气候网络的建立与发展也是对城市问题和全球问题的双重回应。

二　地方气候治理全球化——使地方气候治理产生全球贡献

跨国城市气候网络是以城市为成员组建起来的。城市在全球气候治理中的重要作用是跨国城市气候网络能够在全球层面产生影响和贡献的基础与前提。城市在全球治理中，尤其是在应对气候变化

① 阮梦君：《西方视角下：全球治理与地方治理的双向需求》，《社科纵横》（新理论版）2008 年第 1 期，第 90 页。

和促进可持续发展方面本身具备一定的领导力。[①] 城市具有开放性，是全球化网络的节点。作为信息、技术、财富和智慧的汇集地，城市被称为“创新活动家”。城市可以通过开发小型示范项目的方式来阐明控制温室气体排放的成本收益。[②] 城市中公共设施和基础建设极为密集，这使得城市管理者可以大规模推动具有成本效益的创新性技术的应用，并利用行业协作建立高效的能源系统。[③] 如加利福尼亚州的《2006 年全球变暖解决方案法》就是将温室气体减排目标与经过改革的能源政策协调起来的大胆探索。[④] 城市自行制定政策并控制预算，这使得它们比国家或国际机构更为灵活和高效。

城市自身的实验性治理和示范性作用对其他地区、对国家乃至全球都具有系统性影响。一旦在地方一级证明某种减缓措施是有效的，其他地方政府或更高级别的政府便有可能采取类似的政策。在美国，一些城市至少部分采用了俄勒冈州波特兰市“明智发展”战略，以减缓城市无序扩张及其带来的后果——汽车造成的空气污染和农田及空地的丧失。[⑤] 另据 ICLEI 的一名工作人员介绍，“回收利

① Michele Acuto, “City Leadership in Global Governance”, *Global Governance*, Vol. 19, No. 3, 2013, pp. 481 – 498; Benjamin R. Barber, *If Mayors Ruled the World: Dysfunctional Nations, Rising Cities*, New Haven & London: Yale University Press, 2013; Elizabeth Rapoport et al., *Leading Cities: A Global Review of City Leadership*, London: UCL Press, 2019.

② Harriet Bulkeley and Michele M. Betsill, *Cities and Climate Change: Urban Sustainability and Global Environment Governance*, London: Routledge, 2003, p. 2.

③ 《丹佛斯联合法维翰咨询发布研究报告：现有技术可助力城市实现 1.5℃ 温控目标》，丹佛斯中国官方网站，https://www.danfoss.com/zh – cn/about – danfoss/news/cf/new – report – shows – urban – areas – can – reach – the – 1 – 5 – degree – target – with – existing – technologies/。

④ 《2007/2008 年人类发展报告》，联合国开发计划署网站，第 20 页，https://www.un.org/chinese/esa/hdr2007 – 2008/index.html。

⑤ 《解决气候变化的关键可能就在你的家乡》，连线美国网站，https://share.america.gov/zh – hans/%E8%A7%A3%E5%86%B3%E6%B0%94%E5%80%99%E5%8F%98%E5%8C%96%E7%9A%84%E5%85%B3%E9%94%AE%E5%8F%AF%E8%83%BD%E5%B0%B1%E5%9C%A8%E4%BD%A0%E7%9A%84%E5%AE%B6%E4%B9%A1/。

用计划”最初是由地方政府推动的一个社区项目，而现在已成为各级政府的普遍做法，从而促进了更大范围的环境改善。[①] 中国自2010年开始启动低碳城市（省）试点的工作，强调试点地区可“探索有效的政府引导和经济激励政策，研究运用市场机制推动控制温室气体排放目标的落实”。联合国特使及纽约市前市长布隆伯格指出，城市可以帮助国家设定新的、必要的和积极的温室气体排放目标。城市有决心引领应对气候变化的行动。[②] 从更大的范围上看，城市在推动落实例如《巴黎协定》《2030年可持续发展议程》《新城市议程》《仙台减少灾害风险框架》等国际协议方面有潜力成为变革的重要催化剂。[③]

对于城市在地域范围和地方议程方面受到的固有限制，跨国城市气候网络所创造出的全球性空间能为城市脱离在地束缚发挥联合力量提供了一个适当的平台、机会和途径。第一，跨国城市气候网络积极促进了城市之间的案例分享和信息交流，同时为全球气候治理提供了工具箱和思想库。一方面，跨国城市气候网络积极推动城市的创新行动。GCoM发起的“为城市而创新”倡议（Innovate4Cities），旨在发现和了解城市在气候行动中的知识缺口、城市为应对气候变化采取的创新措施、这些创意如何在其他地区实施以及当前世界各地城市在加快气候行动和绿色发展中的优先事项是什么等。2020年10月，GCoM首次召开研讨会展示研究成果、收集反馈信息并促成

---

① Carolyn Kousky and Stephen H. Schneider, “Global Climate Policy: Will Cities Lead the Way?”, *Climate Policy*, Vol. 3, No. 4, 2003, p. 370.

② 《解决气候变化的关键可能就在你的家乡》，连线美国网站，https://share.america.gov/zh-hans/%E8%A7%A3%E5%86%B3%E6%B0%94%E5%80%99%E5%8F%98%E5%8C%96%E7%9A%84%E5%85%B3%E9%94%AE%E5%8F%AF%E8%83%BD%E5%B0%B1%E5%9C%A8%E4%BD%A0%E7%9A%84%E5%AE%B6%E4%B9%A1/。

③ 《城市与气候变化—全球研究与行动议程》，IPCC网站，https://www.ipcc.ch/site/assets/uploads/2019/07/%E4%B8%AD%E6%96%87%E7%89%88-%EF%BC%88%E8%8D%89%E7%A8%BF1_Research-and-Action-Agenda-in-Chinese.pdf。

伙伴关系推进相关行动。[①] 另一方面，自第一个跨国城市气候网络建立以来，跨国城市气候网络及其成员的数量均不断地增多，所采取的行动和经验也得到了不断累积，跨国城市气候网络在全球范围收集了各种应对气候变化的解决方案。这些解决方案是多样性的，蕴含着世界各地的人类智慧。地方性的应对气候变化问题的方法之前是不受重视的，但是跨国城市气候网络的出现将它们整合到一起。其中，一些城市的方案具有全球性意义，跨国城市气候网络为这些信息和经验的传播提供了交流渠道，促进了城市之间的相互学习和相互启发，从而可以提升全球气候治理的水平和效力。更为重要的是，通过对各地不同气候应对措施的对比、总结与反思，还可以发现成功的举措所拥有的共同特征：市长的有力领导、明确的目标规划、专门的资源配置以及企业和居民的广泛参与等。地方在提高建筑物能源效率、发展公共交通、可再生能源利用、垃圾分类回收、提高城市发展密度等方面的积极作为，对于促进气候行动卓有成效。[②]

第二，跨国城市气候网络不仅可以使城市成员的集体气候行动汇聚起来，而且更重要的是，跨国城市气候网络组织发起的全球气候倡议和行动往往还会在地方层面产生涟漪效应（ripple effect）。跨国城市气候网络用全球话语框定地方行为，成为城市成员相互交流合作的全球平台，地方层次的气候治理由此拥有了共同的目标和更多的资源，其自发性和零散性在很大程度上得到了改善。跨国城市气候网络对城市所分享的最佳案例和进行的能力建设等，虽然对单个城市的影响是地方性的，但是就所有的城市成员而言，其影响范

① "Innovate4Cities Day - 15 October 2020", ICLEI Official Website, https://daringcities.org/innovate4citiesday/.

② 《解决气候变化的关键可能就在你的家乡》，连线美国网站，https://share.america.gov/zh-hans/%E8%A7%A3%E5%86%B3%E6%B0%94%E5%80%99%E5%8F%98%E5%8C%96%E7%9A%84%E5%85%B3%E9%94%AE%E5%8F%AF%E8%83%BD%E5%B0%B1%E5%9C%A8%E4%BD%A0%E7%9A%84%E5%AE%B6%E4%B9%A1/。

围和累积成果却是全球性的。跨国城市气候网络赋予城市的这种集体身份是不容忽视的，而城市通过具体行动凝聚而成的集合力量也是不可低估的。在2014年举行的联合国气候变化大会上，世界各地2000个城市根据全球性的《市长契约》（Compact of Mayors），为应对气候变化采取行动做出了新的承诺。[①] C40将自身视为实现《巴黎协定》的责任方，为了支持《巴黎协定》的实施，C40发起了“期限2020”（Deadline 2020）倡议，号召城市在2020年前制定并开始实施与《巴黎协定》目标相一致的气候行动规划。全球超过110个城市签署了“期限2020”倡议承诺书。[②] 在2005~2016年，C40采取了近11000项气候行动，并认为在2017~2020年，若想推动《巴黎协定》的实现，需要采取14000项新的气候行动。[③]

第三，跨国城市气候网络推动了城市温室气体排放的标准化测量工作，并起到了收集和整合城市排放数据的作用，这不仅有利于对城市成员的气候行动进行有效的监测、组织和管理，而且使城市气候行动的全球性贡献更加具有可说明性。跨国城市气候网络一直致力于城市减排测量工具的开发。例如，2007年，克林顿基金会和微软公司曾合作开发新的软件，旨在为C40以及世界各地的城市创造一种准确检测其温室气体排放情况的标准工具，使城市可以追踪碳减排项目的有效性。[④] 又如，在2019年，CDP与ICLEI合作，推

① 《解决气候变化的关键可能就在你的家乡》，连线美国网站，https://share.america.gov/zh-hans/%E8%A7%A3%E5%86%B3%E6%B0%94%E5%80%99%E5%8F%98%E5%8C%96%E7%9A%84%E5%85%B3%E9%94%AE%E5%8F%AF%E8%83%BD%E5%B0%B1%E5%9C%A8%E4%BD%A0%E7%9A%84%E5%AE%B6%E4%B9%A1/。

② 《碳信托为“C40气候行动规划”中国项目提供技术支持，助力五个中国城市气候行动》，碳信托网站，https://www.carbontrust.com/zh/xinwenhehuodong/xinwen-3。

③ “Deadline 2020: How Cities will Get the Job Done”, C40 Official Website, https://www.c40knowledgehub.org/s/article/Deadline-2020-How-cities-will-get-the-job-done?language=en_US.

④ “New Software to Track Cities’ Carbon Emissions”, Reuters, July 5, 2007, https://cn.reuters.com/article/environment-microsoft-clinton-dc-idUSN162563442007 0517.

出了一个供城市提交气候行动报告的统一平台，该平台力图简化报告流程并确保城市提交标准化的报告。CDP 和 ICLEI 都将使用自主上报的城市数据，针对全球不同城市采取的气候行动进行科学的分析。[①] 而由世界能源研究所、C40 和 ICLEI 于 2014 年 12 月 8 日联合发布的《地方温室气体排放清单全球议定书》，更是推动了城市温室气体排放测量标准化的发展。只有可测量的才是可管理的，因此排放测量工具的开发和排放测量标准的拟定为城市减排和跨国城市气候网络的未来发展都奠定了重要的基础，也为城市的气候行动力提供了有效的证据支持，为正确认识城市在全球气候治理中的作用提供了参考和指南。

总之，跨国城市气候网络促使城市在气候治理的议题下主动地将全球治理与地方治理相结合，在尊重城市自主性的前提下帮助城市跟进、提升和加速气候行动。在跨国城市气候网络的努力推动下，地方层次的气候治理正在产生越来越多的全球性影响和贡献，这使得跨国城市气候网络与国际气候条约体系的治理成效相得益彰，并为两个治理层次之间的机制化的互动奠定了重要的现实基础。跨国城市气候网络为推进全球多层治理走了一条中间主义或折中主义的道路。对于网络的未来发展而言，最为重要的就是平衡感的把控，这种平衡包括全球目标与地区诉求的平衡、网络治理的效力与治理方式的灵活度之间的平衡以及城市成员的独立性和网络的黏合度之间的平衡等。

第二节　开展适应性治理

如前所述，气候变化问题具有综合性的特征，它不仅是一个环

---

① "Cities 2019 Questionnaire", https://guidance.cdp.net/zh/guidance? cid = 11&ctype = theme&idtype = ThemeID&incchild = 1µsite = 0&otype = Questionnaire&page = 1&tags = TAG - 640%2CTAG - 570%2CTAG - 13012.

境科学问题，而且是一个社会经济问题。[①] 应对气候变化问题应该积极地探寻主张将具有关联性的问题进行综合考虑和统筹解决的适应性治理之路。全球层次的气候治理落实到国家和城市层次时，就无法再被视为气候变化问题本身，而是成为可持续发展广泛政策领域的一部分。但 IPCC 是一个专业的国际机构，以自然科学为基础，而不是以发展为导向。因此，应对气候变化问题的综合性显然超出了 IPCC 的职能范畴。继 1992 年里约热内卢峰会达成《21 世纪议程》和 UNFCCC 之后，气候治理逐渐脱离了可持续发展的综合性政策框架，而成了相互平行的议程。从这个角度说，将社会经济发展当成气候治理的附加维度，至少部分地解释了国际气候条约体系出现僵局的原因。[②] 实现经济发展与气候治理之间协同效益的必由之路是使气候治理适应地方情境。

适应性治理是全球地方主义治理的内在要求之一，主张在治理复杂系统中的公共事务时应注意协调环境、经济和社会之间的相互关系，强调分散的决策结构、灵活的制度安排和边学边做的治理策略。相较于全球层面，气候变化问题的综合性在地方层面会更加明显地表现出来。因此，在全球气候治理中开展适应性治理也需要地方政府的积极和广泛参与。不同于国际气候条约体系，跨国城市气候网络为确保全球气候治理在地方情境中的可行性，采取了适应性治理方式。一方面，跨国城市气候网络通过扁平化的网络治理，在尊重地方政府自愿参与和自主行动的基础上，在多个国家和地区设有办事处，确保了气候治理灵活地适应于不同的地方情境。此外，跨国城市气候网络还能够根据气候变化问题和全球气候治理的发展动向即时调整网络策略，保持了治理的有效性和网络本身的活跃度。

① Rob Swarta et al.，“Climate Change and Sustainable Development：Expanding the Options”，*Climate Policy*，Vol. 3，No. 1，2003，p. 37.

② Rob Swarta et al.，“Climate Change and Sustainable Development：Expanding the Options”，*Climate Policy*，Vol. 3，No. 1，2003，p. 35.

另一方面，跨国城市气候网络一直坚持在地方可持续发展的框架下促进地方气候行动，CCP 正是 ICLEI 发起的项目，而 C40 中的大城市往往将参与跨国城市气候网络视为发展绿色低碳经济的机遇而非障碍。

一　网络治理方式提供制度保障

首先，跨国城市气候网络具有分散的决策结构。跨国城市气候网络在成员中间不存在绝对的权威。[①] 分散的决策结构能够最大限度地满足不同城市成员的利益诉求。GCoM 的董事会由全球范围不同地区的十位市长代表组成，这样既能够确保 GCoM 真正由市长所领导，还可以为 GCoM 提供独特的区域性视角。[②] GCoM 内部还进一步划分为地区和国家层面的城市联盟。城市参与跨国城市气候网络是一种自愿性的行为，加入网络后在网络中仍保有很大的自主性。跨国城市气候网络的作用不在于促使城市做其不愿做的事情，而是促使其吸收知识、转变观念，并帮助想要实施气候政策和提升可持续发展水平的城市做得更好。网络成员之间既彼此独立又相互依赖，在定义自我利益和决定自己行为的基础上，同时承认只有通过相互合作才能应对共同面临的问题。在跨国城市气候网络分散的决策结构和化整为零的治理路径下，气候变化问题被分解为无数城市成员通过共同努力即可解决的问题。这对于应对气候变化这样的微观—宏观问题具有重要作用，对于集体理性与个体理性之间的背离能够产生聚合奇迹。[③]

其次，跨国城市气候网络拥有灵活的制度安排。气候变化问题是“镶嵌”在地方情境当中的，而只有地方政府才能掌握关于地方

---

① 刘慧：《国际关系的网络分析研究简评》，《国家观察》2010 年第 6 期，第 21 ~22 页。

② 参见全球市长气候与能源盟约官方网站，https://www.globalcovenantofmayors.org/who-we-are/#1599548894465-0588acc6-36ff。

③ 刘慧：《国际关系的网络分析研究简评》，《国际观察》2010 年第 6 期，第 21 页。

情境的第一手资料。跨国城市气候网络将服务、促进和整合全球范围内更多更好的地方治理作为其实施全球治理的途径。C40 正是通过建立一些专门性的子网络和配备专业的人员，力求更好地为不同地区的治理需求提供咨询和帮助。在承认每座城市都有独特的发展环境的基础上，C40 的专家凭借多年的城市规划经验，以城市发展的一般原则为指导与当地的相关部门展开合作。[①] 例如，“C40 气候行动规划”中国项目联合绿色创新发展中心，在国家应对气候变化战略研究和国际合作中心与碳信托提供的技术支持下，旨在助力青岛、成都、南京、武汉和福州五个中国城市的气候行动。[②] 总之，灵活的制度安排关照到了情况各异的地方条件，保证了地方层次的气候治理与地方既有政策议程之间的兼容性，增强了全球气候治理政策在不同地方情境中的可行性和匹配性，继而促进了全球气候治理在地方的内化。

最后，跨国城市气候网络秉持边学边做的治理策略。跨国城市气候网络的发展具有开放性和进化性特征，可以根据全球气候治理发展的新变化和新要求进行自我调整。例如 ICLEI's CCP 项目现已更名为“绿色气候城市”（Green Climate Cities，GCC）项目。GCC 于 2012 年 6 月 18 日由 ICLEI 宣布启动，以响应同年在巴西里约热内卢召开的“可持续发展会议”（即“里约 +20 会议”）上气候变化专项小组发布的《关于采取行动应对气候变化紧迫现实的声明》。[③] GCC 建立在 CCP 的知识和经验的基础之上，将地方气候计划和行动引入下一个阶段，支持国家自主贡献的实现，推动城市实施《巴黎

---

① 参见 C40 官方网站，https://www. c40. org/other/china - news。

② 《绿色创新发展中心 2019 年报》，第 11 页，http://www. igdp. cn/wp - content/uploads/2020/05/2020 - 05 - 07 - IGDP - Annual - Report - CN - 2019 - Annual - Report. pdf。

③ “ICLEI - Local Governments for Sustainability Launches Green Climate Cities Initiative”, https://www. gcint. org/iclei - local - governments - for - sustainability - launches - greenclimatecities - initiative/.

协定》。[1] GCC 项目将减缓和适应气候变化两个方面都纳入地方议程，保护生物多样性也成了网络的治理目标之一。[2] 由于人们对气候变化问题的有限认知，全球气候治理的成效面临着很大的不确定性。跨国城市气候网络在边学边做的治理策略下往往能够根据现实的需要以较小的政策成本做出及时和适当的调整。相对于国际气候条约体系，跨国城市气候网络能够更为容易地将其在气候治理中所遇到的问题和瓶颈转化为前进的动力和机遇。

二　以可持续发展作为政策框架

气候变化与可持续发展存在着根本联系。可持续发展是全球气候治理的一项重要原则。UNFCCC 第三条第四款指出，“各缔约方有权并且应当促进可持续的发展”。[3] 2002 年第 8 届联合国气候变化大会（新德里）通过的《德里宣言》再次确认应对气候变化必须在可持续发展的框架内进行。2018 年，IPCC《全球升温 1.5℃》特别报告旨在加强全球应对气候变化威胁、可持续发展和消除贫困的努力。该报告指出，将全球升温限制在 1.5℃需要在各个层面采取减缓行动和适应性措施。这些行动可以与可持续发展目标发生积极的相互作用，进而加强可持续发展，即所谓的协同效应；或者发生消极的相互作用，使可持续发展受到阻碍或被逆转，称为权衡取舍。[4]

虽然可持续发展的思想观念已经在全球牢固地树立起来了，但

① “Green Climate Cities Program: A Pathway to Low - emission, Low - risk City Development”, http://e - lib. iclei. org/wp - content/uploads/2016/03/GCC - 4pager - update _web - version - v2. pdf.

② Jeroen van der Heijden, Harriet Bulkeley and Chiara Certomà, eds., *Urban Climate Politics: Agency and Empowerment*, Cambridge: Cambridge University Press, 2019, p. 71.

③ 《联合国气候变化框架公约》，1992，第 6 页，https://unfccc. int/sites/default/files/convchin. pdf。

④ 《全球升温 1.5℃》，政府间气候变化专门委员会，2018，第 31 页、第 67 页，https://library. wmo. int/doc_num. php? explnum_id = 10052。

是其在政策实践中仍然是十分滞后的。[1] 尤其是在全球层面处理应对气候变化问题与可持续发展之间的联系以达成一项综合性政策的步骤仍非常烦琐，原因在于可持续发展问题至少与气候变化问题具有同等的复杂性。[2] 在全球气候治理中，由于发展中国家面临更为迫切的经济发展和消除贫困的任务，发达国家和发展中国家之间多次围绕气候治理的可持续发展原则就减排义务和资金技术支持等问题发生分歧和争论。

在全球气候治理具体实践中，遵循可持续发展原则意味着应该确保将应对气候变化的考虑融入经济和其他发展计划、程序和方案中，以及确保在气候治理目标中考虑了发展的需要。[3] 联合国所提出的可持续发展目标是普适性的，但必须经过地方化之后才能得以实施。[4] 因此，对气候变化问题的评估相应地下降到地方一级，进而在气候变化和地方可持续发展之间建立有效联系，这不失为一种可行的选择和有益的尝试。[5]

应对气候变化也不一定需要以牺牲经济增长为代价。事实上，它还可能具有经济意义，因为如果不解决气候变化问题，任何形式的发展都是不可能的。[6] 作为一个国际性倡议委员会，全球经济和气候委员会于 2013 年成立，该委员会及其旗舰项目“新气候经济”的

---

① Marco Keiner and Arley Kim, “Transnational City Networks for Sustainability”, *European Planning Studies*, Vol. 15, No. 10, 2007, p. 1371.

② Jonatan Pinkse and Ans Kolk, “Addressing the Climate Change Sustainable Development Nexus: The Role of Multi - stakeholder Partnerships”, *Business and Society*, Vol. 51, No. 1, 2012, p. 176.

③ 曾文革等：《应对全球气候变化能力建设法制保障研究》，重庆大学出版社，2012，第 241 页。

④ 胡祖铨：《关于联合国可持续发展目标（SDGs）的研究》，国家信息中心网站，http://www.sic.gov.cn/News/456/6279.htm。

⑤ Rob Swarta, John Robinsonb and Stewart Cohenc, “Climate Change and Sustainable Development: Expanding the Options”, *Climate Policy*, Vol. 3, No. 1, 2003, p. 27.

⑥ 《圆桌讨论：中外专家怎么看 IPCC 1.5℃报告?》，中外对话网站，https://chinadialogue.net/zh/3/44044/。

成立旨在帮助政府、企业和社会更明智地进行决策，在实现经济繁荣和发展的同时解决气候变化问题。其在2014年发布的《应对气候变化，孕育经济增长——新气候经济综合报告》中认为，各个收入阶层的国家目前都有机会实现持续的经济增长，同时降低气候变化带来的巨大风险。城市是经济发展的引擎。全球最大和增长最快的城市如何发展对于未来全球经济发展和气候变化的走向至关重要。全球先进的城市围绕公共交通进行紧凑性和连通性更强的建设，会使得城市排放量更低、经济发展更具活力也更健康。该报告建议，应将气候问题纳入核心经济决策程序，加快向低碳经济转型。因此，对城市而言，应该让互联、紧凑的城市成为城镇化发展的首选形式。[①]

据此，城市可以促进全球气候治理以支持而不是阻碍当地可持续发展其他目标的实施。[②] 在实践中，城市也一直关注可持续发展问题，积累了丰富的地方经验。联合国可持续发展《21世纪议程》的第28章中曾确认了地方政府对于可持续发展的重要作用：因为《21世纪议程》探讨的问题和解决办法之中有许多都起源于地方活动，因此地方政府的参加和合作将是实现其目标的决定性因素。[③] 在20世纪90年代前后，地方政府开始将应对气候变化和可持续发展视为重要的地方事务。[④] 地方应对气候变化的行动不会与追求可持续发展相互割裂，而是要通过发展低碳经济达到经济社会发展与生态环境保护的"双赢"。在中国，被列入低碳试点的城市在制定五年规划的

---

① 全球经济和气候委员会：《应对气候变化，孕育经济增长——新气候经济综合报告》，第8~10页，http://newclimateeconomy.report/2014/wp-content/uploads/sites/2/2014/08/NCE-SYNTHESIS-REPORT-Mandarin-small.pdf。

② "Global Climate Action from Cities, Regions and Businesses-2019", New Climate Institute, https://newclimate.org/2019/09/18/global-climate-action-from-cities-regions-and-businesses-2019/.

③ 《21世纪议程》，联合国网站，http://www.un.org/chinese/events/wssd/chap28.htm。

④ Harriet Bulkeley and Peter John Newell, *Governing Climate Change*, London and New York: Routledge, 2010, p.55.

时候，会将节能减碳和应对气候变化放在一起考虑。例如，广州市会将单位地区生产总值能耗下降、能源消费总量下降、单位地区生产总值碳排放下降纳入市政府和各区政府的评价考核指标当中。[①]

跨国城市气候网络同样关注可持续发展问题。1990 年，ICLEI 以联合国召开的“地方政府可持续未来世界大会”（World Congress of Local Governments for a Sustainable Future）为契机成立。这次会议的主题是“采取地方行动，共建可持续未来”（Acting Locally for A Sustainable Future）。[②] ICLEI 的项目和活动以环境保护为核心内容，同时关注可持续发展所涵盖的广泛主题。ICLEI'S CCP 是其曾发起的具有重要影响力的项目之一。ICLEI 理事会还于 2003 年正式拓宽了组织内涵，由地方环境行动国际理事会（International Council for Local Environmental Initiatives）更名为宜可城－地方可持续发展协会。[③] 而 C40 成立的初衷是促进已经在当地采取政策措施应对气候变化问题及可持续发展相关问题的城市之间的相互交流，目标是取得城市参与气候治理的合法性，并在联合国的相关进程中发出城市的声音。[④] C40 建立了 16 个子网络，涵盖 C40 最优先关注的气候变化问题和可持续发展问题。[⑤]

跨国城市气候网络还积极推动城市的可持续发展实践。1992 年，ICLEI 提出《21 世纪地方议程》（Local Agenda 21），致力于推广有参与性的可持续发展规划，这是全世界首个以此作主题的全球性活动。2015 年《2030 年可持续发展议程》通过后，ICLEI 积极协助各

---

① 冯灏：《1.5℃温控目标：中国专家怎么看?》，中外对话网站，https://chinadialogue.net/zh/3/43924/。

② “World Congress of Local Governments for a Sustainable Future”，https://escholarship.org/content/qt5db0n36x/qt5db0n36x.pdf? t = q2tc5m.

③ 参见 ICLEI 东亚秘书处网站，http://eastasia.iclei.org/cn/about.html。

④ David J. Gordon，“Between Local Innovation and Global Impact：Cities，Networks，and the Governance of Climate Change”，*Canadian Foreign Policy Journal*，Vol. 19，No. 3，2013，p. 293.

⑤ 参见 C40 官方网站，https://www.c40.org/networks。

国城市将该议程本土化。[1] 当前，ICLEI 和 C40 等机构正在联合支持实施 2021 年由联合国环境规划署（UNEP）与全球环境基金会（GEF）等机构联合发起的全球“城市转型”（Urban Shift）项目。“城市转型”倡议将社会、环境和经济等不可分割的维度综合考虑在内，与《2030 年可持续发展议程》的愿景相一致，同时吸收了可持续城市综合方法试点项目的教训和经验。当前，“城市转型”项目正在支持亚洲、非洲和拉丁美洲的 23 个城市采用综合方法促进城市发展。[2]

虽然任何一种治理主体及其治理对象都存在于全球空间，但是国家和城市同时也都拥有其固有的管辖范围。相较于国际机制，将世界范围内的城市联结在一起的跨国城市网络代表了全球治理中一种新的场域划分和重组形式，使得全球治理主体的场域不再仅仅以各个民族国家的领土边界为唯一的划分依据，而是可以根据世界各地的发展水平划分全球范围中的城市和乡村。这导致了国际机制和跨国城市网络的关注重心有所差异，国际机制更容易受到安全考量的影响，而跨国城市网络更侧重于应对发展问题。

跨国城市气候网络一直是将气候变化问题纳入可持续发展的框架中进行考量和解决的。城市本身并没有权力决定经济发展和气候保护之间的取舍问题，这一问题更多地依赖中央政府的宏观调控。城市参与全球气候治理既是出于应对气候变化的共同理想，但同时也允许成本效益的现实考量。跨国城市气候网络的治理方式避免了使气候治理成为城市经济发展的外在制约，而是将其视为城市转变发展道路的新机遇。针对如今全球仍有许多城镇的发展无计划和无组织，经济、社会以及环境代价高昂的现实情况，跨国城市气候网

---

① 《公私合作促进绿色生活，创建宜居的城乡地区》，ICLEI 东亚秘书处网站，http://eastasia.iclei.org/new/latest/796.html。

② 《联合国和合作伙伴联手发起价值数十亿美元倡议，致力于为人类和地球改造城市》，联合国环境规划署网站，https://www.unep.org/zh-hans/xinwenyuziyuan/xinwengao-33。

络无疑可以发挥积极作用。与此同时，跨国城市气候网络也能够为全球气候治理提供以可持续发展为政策框架解决气候变化问题的有意义的试验场。

更为重要的是，在将气候变化问题纳入可持续发展政策框架的尝试和努力中，跨国城市气候网络能够在客观上起到促进各部门之间相互协调的作用。正如全球环境基金首席执行官兼主席卡洛斯·曼努埃尔·罗德里格斯（Carlos Manuel Rodriguez）所说，在日益城市化的世界中，投资城市是实现跨部门全球环境效益的最佳方式之一。[①] 由于跨国城市气候网络与国际气候条约体系的互动，跨国城市气候网络还可以自上而下地逐渐拓宽全球气候治理议题的框架，最终使气候治理不再局限于环境问题本身，而是在实践中真正地关注更广泛的可持续发展问题，促进气候治理与社会经济发展之间的协同效应。[②] 而这也从根本上有利于缓解国际气候谈判中发达国家和发展中国家之间关于是在合作下发展还是在发展中合作这一主要分歧。[③]

全球地方主义治理的发展需要各部门和各层次之间的政策协调，这与2015年通过的《2030年可持续发展议程》的精神是相一致的。可持续发展的社会和环境目标之间的相互影响表明，跨部门和跨行为体的政策设计是十分重要的，这种整体性的政策有助于将不同目标之间的权衡取舍转化为协同效应。城市在《2030年可持续发展议程》中也扮演重要角色。[④]《2030年可持续发展议程》的169项具体

---

① 《联合国和合作伙伴联手发起价值数十亿美元倡议，致力于为人类和地球改造城市》，联合国环境规划署网站，https://www.unep.org/zh-hans/xinwenyuziyuan/xinwengao-33。

② Rob Swarta et al., "Climate Change and Sustainable Development: Expanding the Options", *Climate Policy*, Vol. 3, No. 1, 2003, p. 35.

③ 宗计川：《低碳战略：世界与中国》，科学出版社，2013，第17页。

④ 《变革我们的世界：2030年可持续发展议程》，联合国公约与宣言检索系统，https://www.un.org/zh/documents/treaty/files/A-RES-70-1.shtml。

目标中，有65%需要地方政府的积极参与，才可能得到实践。[1] 同时，2016年联合国住房和城市可持续发展大会通过的《新城市议程》（New Urban Agenda）也涵盖了《2030年可持续发展议程》和《巴黎协定》中的内容。[2] 在更广阔的视野下，《2030年可持续发展议程》和《巴黎协定》其实是一回事。它们为我们提供了最大的机会，进行积极的、系统的变革，以确保今世和后代拥有一个富有弹性的、高效的和健康的环境。[3] 而在这一愿景的实现机制方面，全球地方主义为我们提供了有益的启示。

第三节　促进参与式治理

公众的参与是推进全球气候治理的关键因素，这在国际气候条约中早已得到了确认和体现。UNFCCC第六条（a）款规定："在国家一级并酌情在次区域和区域一级，根据国家法律和规定，并在各自的能力范围内，促进和便利；（一）拟订和实施有关气候变化及其影响的教育及提高公众意识的计划；（二）公众获取有关气候变化及其影响的信息；（三）公众参与应对气候变化及其影响和拟订适当的对策。"[4]《巴黎协定》第12条规定：缔约方应酌情合作采取措施，加强气候变化教育、培训等，同时认识到这些步骤对于加强本协定

① 《公私合作促进绿色生活，创建宜居的城乡地区》，ICLEI东亚秘书处网站，http://eastasia.iclei.org/new/latest/796.html。

② 汪万发、张彦著：《碳中和趋势下城市参与全球气候治理探析》，《全球能源互联网》2022年第1期，第98页。

③ "Impacts of Climate Change on Sustainable Development Goals Highlighted at High - Level Political Forum", https://unfccc.int/news/impacts - of - climate - change - on - sustainable - development - goals - highlighted - at - high - level - political - forum.

④ 《联合国气候变化框架公约》，第11页，https://unfccc.int/sites/default/files/convchin.pdf。

下的行动的重要性。[1] 根据这两个条款所展开的工作被统称为“气候赋权行动”（Action for Climate Empowerment，ACE）。[2]

参与式治理是全球地方主义治理的内在要求之一。如果没有公众监督，浮夸的空谈很有可能替代具有实质意义的政策行动。[3] 但由于气候变化往往被视为抽象的问题和冰冷的知识，公众在全球气候治理中的参与在很大程度上存在障碍。大多数人直接关注的环境问题是城市环境问题。[4] 城市作为最接近人民的政府一级，在教育、调动和响应群众参与全球气候治理方面起着非常重要的纽带作用。为了阻止气候变化所带来的破坏性影响，或者只是为了节省财政开支、减少浪费和资源消耗，世界各国的地方政府已经实施了无数的监管干预、宣传教育、税收和补贴等措施来引导企业和居民更多地采取环境可持续的生活方式。[5] 国际气候条约体系的着眼点在于科学目标的达成，而跨国城市气候网络则侧重于构建适宜居住的环境。在全球气候治理中，跨国城市气候网络不仅可以通过影响城市成员来间接地促进全球各地居民日常生活方式的改变，还可以利用在各不同城市举办会议和活动等契机直接开展一系列宣传教育活动，以达到使气候变化问题形象化并贴近人们的日常生活的效果。更重要的是，以往气候变化问题仅是政府官员和科学家所能参与决策和施加影响的问题，但跨国城市气候网络为公众通过影响市政措施参与全球气候治理提供了可能的途径。

---

① UNFCCC，“Report of the Conference of the Parties on Its Twenty - first Session，Held in Paris from 30 November to 13 December 2015”，https://unfccc. int/resource/docs/2015/cop21/eng/10a01. pdf.

② 《2007/2008 年人类发展报告》，联合国开发计划署网站，第 63 页，https://www.un. org/chinese/esa/hdr2007 - 2008/index. html。

③ 《2007/2008 年人类发展报告》，联合国开发计划署网站，第 63 页，https://www.un. org/chinese/esa/hdr2007 - 2008/index. html。

④ 世界环境与发展委员会：《我们共同的未来》，王之佳、柯金良等译，吉林人民出版社，1997，第 332 页。

⑤ Andrew Jordan，Dave Huitema，Harro van Asselt and Johanna Forster，eds.，*Governing Climate Change：Polycentricity in Action?* London and New York：Cambridge University Press，2019，p. 83.

一 进行宣传教育

公众对于气候变化的认知是全球应对气候变化的基础之一。[①] 城市可以将气候变化问题以更直接和务实的方式加以重新塑造，拉近气候变化与平民百姓之间的心理距离。城市还可以直接影响企业和个人等更小规模的决策者，增加气候治理与市民生活之间的关联度。[②] 无论是城市发展绿色交通，引导绿色消费，还是进行严格的废弃物管理，都和公众的日常生活息息相关。城市在气候治理中较之国家更具有务实性。发达国家的经验表明，关注和优化人的需求和期望，致力于建设环境宜居、经济繁荣、管理精细化、开放公平的城市，也必将能够实现绿色低碳的愿景。[③] 公众的合作意愿对市政府的政策实施十分重要。[④] 如果没有公众的支持，政策实施的成本就要升高。城市作为人类的居所，能够为公众提供具有参与性和归属感的具体情境，从而可以使他们更容易理解自己的个人生活习惯和行为选择（如家用电器的使用和交通工具的选择）会与气候变化产生怎样的联系，进而理解作为现代城市生活特征的高消费主义也是导致气候变化的一个关键因素。市民之间就具体气候问题和亲身经验面对面地讨论可能会形成共同的理解。[⑤] 而跨国城市气候网络为全球的公众以市民为单位，逐步参与到气候变化的应对之中提供了可能。

城市参与到跨国城市气候网络之中，传达了城市政策走向的明确

---

① 《IPCC〈气候变化 2022：影响、适应和脆弱性〉报告发布》，北京绿研公益发展中心网站，https://www.ghub.org/perspectives - ipcc - ar6 - 02/。

② 《21 世纪议程》，联合国网站，http://www.un.org/chinese/events/wssd/chap28.htm；Carolyn Kousky and Stephen H. Schneider，"Global Climate Policy：Will Cities Lead The Way?"，*Climate Policy*，Vol. 3，No. 4，2003，p. 370。

③ 胡敏、李昂：《中国低碳城市发展：愿景和现实之间》，中外对话网站，https://chinadialogue.net/zh/2/43077/。

④ ［美］埃莉诺·奥斯特洛姆：《应对气候变化问题的多中心治理体制》，谢来辉译，《国外理论动态》2013 年第 2 期，第 82 页。

⑤ ［美］埃莉诺·奥斯特洛姆：《应对气候变化问题的多中心治理体制》，谢来辉译，《国外理论动态》2013 年第 2 期，第 83 页。

信号，自然会提升市民对相关议题的关注度和讨论度，对于核心成员和获奖城市而言情况更是如此。此外，在认识到气候行动和地方议程之间协同效应的基础之上，一些参与跨国城市气候网络的城市还会增设公共宣传部门，如波特兰市，以告知居民气候变化是一个重要问题，从而减轻政策阻力，推进相关市政措施的实施。[①] 同时，在很多城市成员的官方网站上都可以看到气候变化项目的情况说明，如西雅图市。[②] 还有一些城市成员会主办一些相关活动鼓励公众参与，并在市政府网站上进行发布，如北京市主办的全国低碳日主场活动。[③]

跨国城市气候网络常常通过在定期召开的会议期间举办相关活动，来进行公共宣传教育，并引导公众参政议政。ICLEI 于 2015 年在首尔举办了世界城市气候环境大会，大会的主要内容之一就是举办市民参与性活动："眼看、耳听、亲身体验气候变化。"这一活动的具体内容包括：指定无车日、设置气候变化展馆、使用太阳能制作食物，举办艺术性回收节、提供公共汽车试驾等，目的是培养人们在温室气体减排方面的共识，并进而在生活中付诸行动。[④] 在活动举办期间，到首尔广场和东大门设计广场参观气候变化体验馆的市民达到了 12.7 万余人。[⑤]

跨国城市气候网络尤其注重青年人群体在全球气候治理中的作

① Carolyn Kousky and Stephen H. Schneider, "Global Climate Policy: Will Cities Lead the Way?", *Climate Policy*, Vol. 3, No. 4, 2003, p. 368.

② "Seattle Public Utilities", https://www. seattle. gov/utilities/protecting - our - environment/community - programs/climate - change.

③ 《北京市政府与生态环境部共同主办 2020 年全国低碳日主场活动》，北京市人民政府网站，http://www. beijing. gov. cn/ywdt/gzdt/202007/t20200702_1937098. html。

④ 《世界最大城市联盟组织 ICLEI 大会将于首尔举行》，首尔市官方网站，http://chinese. seoul. go. kr/%e4%b8%96%e7%95%8c%e6%9c%80%e5%a4%a7%e5%9f%8e%e5%b8%82%e8%81%94%e7%9b%9f%e7%bb%84%e7%bb%87iclei%e5%a4%a7%e4%bc%9a%e5%b0%86%e4%ba%8e%e9%a6%96%e5%b0%94%e4%b8%be%e8%a1%8c/。

⑤ 《ICLEI 首尔大会的成果》，首尔市官方网站，http://chinese. seoul. go. kr/iclei%e9%a6%96%e5%b0%94%e5%a4%a7%e4%bc%9a%e7%9a%84%e6%88%90%e6%9e%9c/? cp = 8&cat = 828。

用。为鼓励城市响应青年人的呼吁，帮助他们更有意义地参与气候政策决策过程，C40 全球青年与市长论坛编写了《城市青年参与行动手册：如何通过与青年协作应对气候危机》，通过案例展示城市如何与青年人积极合作，解决气候变化问题。其建议包括通过相应机制为青年气候领袖赋权，对不同背景、种族、性别、能力的青年秉持包容和公平精神，利用社交媒体和数字平台促进青年参与，借助民间社会组织和团体来联系青年气候活动家等。当前，洛杉矶、利马、奥克兰、萨尔瓦多、伦敦等多个城市都已经采取了相应的措施。例如，2019 年洛杉矶建立了市长气候行动青年理事会（MYCCA）。该理事会被定位为青年领袖与政府领导之间沟通的重要桥梁。市长气候行动青年理事会的建立提高了青年人的发言权，而这群青年人通过每年制订的计划和目标来支持城市的气候行动议程。作为最年轻的一代，他们的生存环境危机重重。青年人是当今的气候领袖。青年不应该仅仅通过抗议活动和追究决策者的责任来参与应对气候危机。该手册对青年人在参与气候行动中所涉及的知识准备、科学提议和社会活动等方面也提出了具体的建议。[①]

生活在不同地域和拥有不同文化背景的社会成员，都有其理解气候变化的成因、影响与应对的特定角度和立场。[②] 跨国城市气候网络通过在不同城市举行会议和相关活动，促进了全球不同城市之间的相互交流和市政官员私人关系的建立，由此将地理上本不接壤的地域和文化上并不相通的人群联结到一起。城市参与网络有助于培育信任、规范、互惠与共享的身份认同。[③] 城市居民也借此得以超越自身所处的地域限制，了解到全球层面的气候知识，并逐渐形成对

---

① 《城市青年参与行动手册：如何通过与青年协作应对气候危机》，https://www.c40.org/wp-content/uploads/2021/11/C40_GYMF_Report_ZH1.pdf。

② 洪大用：《气候变化议题的社会复杂性》，http://epaper.gmw.cn/gmrb/html/2013-10/15/nw.D110000gmrb_20131015_3-11.htm。

③ 曹德军：《嵌入式治理：欧盟气候公共产品供给的跨层次分析》，《国际政治研究》2015 年第 3 期，第 76 页。

全球公共政策的讨论和对气候治理的全球共识。这种在认知、观念和知识方面无形的全球化与人员、商品方面有形的全球化一样，都将深刻地影响人们当前和未来的行为方式。[①] 因此，跨国城市气候网络在提升全球范围内公众气候意识方面的作用对于全球气候治理而言是不可或缺的。

二　提供参与渠道

减少温室气体排放不仅仅是政府的责任，个人也应当承担责任。[②] 在气候治理中，政府与公众之间不是管理与被管理的关系，而是对话与合作的关系。公众的直接参与不仅可以促进更民主的决策程序和更包容的执行过程，而且可以挖掘社区行动的潜力，并在当地撬动私人投资。欧盟国家在促进公众参与气候治理方面已经进行了不少的实践。法国 2019 年成立了“公民气候公约”委员会，并为委员会的成员（由 150 名从社会各阶层随机选中的法国公民构成）提供了系统性的专业培训。该委员会随后向政府提交了多项应对气候变化的提案。此外，法国还将推动全民公投，以便将“应对气候变暖”写入宪法。丹麦于 2019 年初开始从民间发起“丹麦气候法即刻生效”的联署，并获得了超过六万五千份的联署书，这使得该提案顺利进入议会程序并最终获得通过。[③] 由此可见，多重而有效的交流渠道及合法和适当的参与途径对气候治理的成功实施必不可少。

---

① Sofie Bouteligier, *Cities, Networks, and Global Environmental Governance: Spaces of Innovation, Places of Leadership*, London and New York: Routledge, 2012, pp. 64 - 65.

② 辛章平、张银太：《低碳经济与低碳城市》，《城市发展研究》2008 年第 4 期，第 100 页。

③《法国拟就是否把应对气候变化写入宪法举行全民公投》，新华网，http://www.xinhuanet.com/world/2020-12/15/c_1126862627.htm；梁晓昀：《气候治理下的公民参与机制》，台湾大学社会科学院风险社会与政策研究中心网站，https://rsprc.ntu.edu.tw/zh-tw/m01-3/climate-change/1497-1091028-climate-participate.html。

跨国城市气候网络积极发起针对公众的动员活动，注重听取和吸收公众的相关意见，为公众参与全球气候治理搭建了桥梁。2014年第20届联合国气候变化大会（利马）召开前夕，纽约等世界多座城市举行了由数十万人参与的史无前例的大规模游行，要求政府在对抗气候变化问题上采取实际行动。ICLEI 及市长代表也在“人民的气候，市长的承诺”（People's Climate, Mayors Commit）的旗号下参与了这场游行。[①] 在2015年 ICLEI 举办世界城市气候环境大会期间，体现市民、企业和行政部门履行应对气候变化职责的《首尔之约》向全世界公开发布。这份《首尔之约》在制定时综合参考了“旨在应对气候变化的万人讨论会”的讨论结果和在网上所收集的市民意见。其宣布仪式在市民、非政府组织人士和学生等首尔各界人士的共同参与下举行。仪式结束后，世界城市代表团、出席大会人员和首尔市民一同在东大门设计广场附近的步行街道举行了游行活动。[②]

跨国城市气候网络为号召和鼓励专业人士积极投身到城市的绿色规划和低碳发展之中提供了平台。通过这些竞赛活动的举办，跨国城市气候网络推动了气候变化和气候治理的叙事视角的转变，即从“不采取行动会带来哪些危害”转变为“如何为气候治理贡献一份力量”。早在2017年，C40 就向建筑师、设计师和城市学家提出了建议，希望他们重新思考和改造城市中未充分利用的空间，计划必须是碳中性的、可持续的和富有弹性的，这就是名为“重塑城市”

---

① People's Climate, “Mayors Commit: ICLEI Joins Citizens and Activists Calling for Climate Action”, ICLEI, http://old. iclei. org/index. php? id = 100&tx_ttnews%5Btt_news%5D = 4304&cHash = 8811757c97f2255ba8af11f67102d9b5; “Climate Summit 2014 Catalyzing Action”, ICLEI, http://old. iclei. org/index. php? id = 1207.

② 《世界最大城市联盟组织 ICLEI 大会将于首尔举行》，首尔市官方网站，http://chinese. seoul. go. kr/%e4%b8%96%e7%95%8c%e6%9c%80%e5%a4%a7%e5%9f%8e%e5%b8%82%e8%81%94%e7%9b%9f%e7%bb%84%e7%bb%87iclei%e5%a4%a7%e4%bc%9a%e5%b0%86%e4%ba%8e%e9%a6%96%e5%b0%94%e4%b8%be%e8%a1%8c/。

（Reinventing Cities）的全球竞赛，该项赛事吸引了众多国家城市的广泛参与，至今已经成功举办了两届，第三届竞赛当前正在进行中。[①] 作为其同类项目，2020 年 10 月，C40 还发起了“学生重塑城市竞赛”（Students Reinventing Cities Competition），希望激发青年的智慧和力量来推动城市为应对气候变化做出改变。来自全球 150 所大学的 1000 多名学生提交了他们的方案。[②] 在活动中，城市将现实的项目交给参赛的学生，而学生将设计完成的项目方案呈交给城市。获奖学生将在全球交流活动中得到表彰，并将有机会向商业领袖、城市官员和领先的气候组织介绍他们的项目方案。跨国城市气候网络借此促使高校学生开启“头脑风暴”，运用所学的知识发挥创造力，参与和助力低碳城市和弹性社区的建立。[③]

跨国城市气候网络不仅为城市成员提供了参与全球气候治理的平台，也以城市成员为中介为全球各地市民的气候行动赋予了全球意义。在这些城市中，市民参与全球治理的途径变得具体化并具有可行性，同时又具备相当的重要性。在减缓气候变化方面，市民通过改变自身的日常行为方式，如随手关灯、选择乘坐公共交通工具、改变饮食习惯、将空调温度调低一摄氏度等，就能够为城市节能减排贡献一份力量，同时成为全球气候治理中具有积极贡献的个人行为体。在适应气候变化方面，建设韧性城市，提高城市气候适应能力已经成为跨国城市气候网络越来越重要的任务。鉴于气候变化给公众日常生活带来了直接风险，各地居民在气候适应中的作用已经必不可少，每多一人掌握这种能力，都将帮助提升全球范围的气候适应能力。

---

① “Reinventing Cities – Seeking Creative Minds with a Vision for a Greener Urban Future”，https://www.c40reinventingcities.org/en/professionals/.

② “Students Reinventing Cities”，https://www.c40reinventingcities.org/en/students/.

③ “Students to Reinvent 18 World Cities to Tackle Climate Crisis as C40 Cities Launches New Competition”，https://www.c40.org/press_releases/students-reinventing-cities.

总而言之，公众自觉地选择低碳的生活方式，并积极提升自身应对气候威胁的能力是全球气候治理的重要方面。建构积极倡导节能减排和保护环境的价值观念和公民文化将对全球气候治理产生深远的影响并带来强大的内驱力。虽然从短期看，跨国城市气候网络在全球气候治理中的作用与国际气候条约体系无法相提并论，但是从长期看，它在积累社会资本、培育全球市民社会、平衡气候变化问题的政治化趋势、提升全球气候行动力度、弥补全球气候治理的民主化不足和推进全球气候治理机制变革方面所发挥的作用是不可取代的。

本章小结

综上所述，跨国城市气候网络在推动多层次治理、适应性治理和参与式治理方面体现出了其在全球气候治理中的治理特色和优势，推动了全球地方主义治理的实践发展。其一，跨国城市气候网络通过相继推动全球气候问题地方化和地方气候治理全球化，为全球机制和地方机制之间的互动奠定了基础。这也同时解释了跨国城市气候网络何以能够参与全球气候治理并取得成果。跨国城市气候网络致力于找到全球气候问题和地方气候问题的交汇点，并且努力实现全球气候治理和地方气候治理的共赢，化解了网络的全球性与其成员的地方性之间的张力，搭建了连通全球与地方治理层次之间的桥梁。

其二，跨国城市气候网络的制度保障和以可持续发展为政策框架能够确保跨国城市气候网络所推行的气候治理对地方特殊条件的适应性。提升各个地方气候治理的能力与意愿成了跨国城市气候网络推进全球气候治理的必由之路。这种方式虽然是间接的、曲折的和迂回的，但是充分尊重了地方的经济社会发展诉求，保障了地方的整体利益，因此最大限度地减少了城市参与气候治理的政治阻力，提升了跨国城市气候网络治理方案和路径的可行性（见表4-1）。

其三，跨国城市气候网络促进了对公众的宣传教育并为公众提供了参与渠道。在全球范围内横向联结的城市充当了全球议题和当地市民之间的中介。城市在跨国城市气候网络中的参与既是对其所辖市民释放的一种政策信号，同时也对其市民的环保低碳行为提出了更高的要求。跨国城市气候网络在提升公众气候意识方面能够以其日常生活的城市场所为载体，这大大缩小了科学知识与公众日常生活之间的距离。同时，网络成员中的市民通过改变自身行为和身边事来改善城市环境，而跨国城市气候网络的汇聚效应则能够增进他们在全球气候治理中的参与感和效能感。

表4-1　跨国城市气候网络的全球地方主义治理实践

治理方式	具体措施
推进多层次治理	全球气候问题地方化；地方气候治理全球化
开展适应性治理	为网络治理方式提供相应的制度保障；将可持续发展作为政策框架
促进参与式治理	对公众进行宣传教育；为公众提供参与渠道

资料来源：作者自制。

应该说明的是，不论是多层次治理、适应性治理还是参与式治理，都不是全球气候治理的万能药，而是为完善当前既有治理方式而提出的一种分析视角和现实途径。它们各有侧重，彼此之间并非互斥而是互补的。这三种治理方式本身还存在诸多共通和重合之处，例如，它们都强调多元参与、分权决策和共同协商等，这突出体现了跨国城市气候网络的治理特色。

应该指出的是，跨国城市气候网络在全球地方主义治理的实践中仍然存在着很大的提升空间。在推动多层次治理方面，跨国城市气候网络中的城市成员在很大程度上仍然存在着“地方思考，地方行动”的问题；在开展适应性治理方面，跨国城市气候网络虽然顺应了城市成员的社会经济发展的现实情况，但是在提升当地政府的政治意愿方面仍存在实际困难；在促进参与式治理方面，跨国城市气候网络在很大程度上只能对其城市成员所辖的市民群体产生影响，而尚未与拥有地方知识体系的原住民进行有效的交流和互动。在这一方面，只有气候联盟因与原住民组织建立了伙伴关系并支持其项目和倡议而拥有可供借鉴的经验。[①] 但是，可以期待的是，随着跨国城市气候网络自身不断地学习进化和发展完善，其对于推进全球气候治理将发挥出越来越大的作用。

总之，以全球地方主义为分析框架，可以凸显出跨国城市气候网络作为全球气候治理中的地方机制在全球气候治理中能够发挥的重要作用。跨国城市气候网络通过推动多层次、适应性和参与式的治理，在很大程度上回应了气候变化问题的多层性、综合性和人文性，展现出了其针对气候变化问题的全球地方性发挥治理作用的功能与潜力，为完善当前的全球气候治理做出了十分重要的贡献。此外，全球地方主义治理的分析框架在有效地突出了跨国城市气候网络的治理特色和优势的同时，也可以为其与国际气候条约体系加强合作，进一步推进全球地方主义治理提供基础和指南。

① 参见气候联盟官方网站，https://www.climatealliance.org/home.html。

第五章　跨国城市气候网络在全球地方主义治理中的发展前景

应对气候变化需要全球共同行动，城市是其中必不可少的行为体，跨国城市气候网络是不可替代的治理机制，在全球多层治理乃至全球地方主义治理的视角下看，情况尤其如此。在前面的章节中，已经对跨国城市气候网络的自身发展及其在全球地方主义治理中发挥的作用做出了详细的说明。在全球地方主义治理中，全球机制和地方机制之间是持续地相互影响的。未来跨国城市气候网络在全球地方主义治理中能否获得更大的发展空间并更好地发挥作用，取决于作为全球机制的国际气候条约体系与作为地方机制的跨国城市气候网络之间能否从无意识的互动走向有序的协调。国际气候条约体系作为全球气候治理中的核心机制，在充分认识跨国城市气候网络治理优势的基础上，并确保其能够促进多中心治理趋势发展的前提下，未来能否将跨国城市气候网络整合进全球气候治理体系当中，将成为促进全球地方主义治理和跨国城市气候网络发展的关键。

当前，不仅非国家行为体的兴起推动了多中心气候治理的发展，而且全球气候治理中跨国机制和国际机制之间的互补性也愈益凸显。而国际气候条约体系本身的趋势性转型为其与跨国城市气候网络的合作进一步拓展了空间，提供了机遇。与此同时，联合国气候变化大会的开放性及其协调者角色为两者之间的合作提供了平台和保障。在国际气候条约体系和跨国城市气候网络之间能够进行积极协作的预期下，未来跨国城市气候网络将在全球地方主义治理中有望更充分地突出自身的治理优势并更有效地发挥自身的独特作用。本章将从多中心气候治理的发展趋势及机制间的互补性、为国际气候条约体系的趋势性转型提供合作机遇，以及联合国气候变化大会的开放性及其协调者角色三个方面对跨国城市气候网络的未来发展展开分析。

第一节　多中心气候治理的发展趋势及机制间的互补性

在学术界，仅靠国家间框架无法完成对全球气候治理目标的论述已经不是一个全新的观点。① 在反思单一的国家间治理模式的基础上，许多改革建议指向了多主体、多层次和多样化的治理方法。② 在现实中，全球气候治理中的非国家行为体正日益兴起，国家行为体和非国家行为体之间的合作也变得越来越重要。多中心治理的倡导者认为，气候变化、可持续发展和其他全球议题应该通过不同层次和不同尺度上的独立的行为体和机制利用多个分散的行动来完成，而不能只依靠集中和全面的顶层制度设计。③ 在多中心治理体系中，政治权威分散到不同的机构中，这些机构具有重叠的管辖权，彼此之间不存在等级关系。④ 多中心的治理体系是动态和进化的，多行政级别和多层次的气候治理之间具有高度互补的前景。气候治理的效

---

① Chukwumerije Okereke et al.，"Conceptualising Climate Governance beyond the International Regime"，*Global Environmental Politics*，Vol. 9，No. 1，2009，pp. 58－78.

② Steve Rayner，"How to Eat an Elephant：A Bottom－up Approach to Climate Policy"，*Climate Policy*，Vol. 10，No. 6，2010，pp. 615－621.

③ Kenneth W. Abbott，"Strengthening the Transnational Regime Complex for Climate Change"，*Transnational Environmental Law*，Vol. 3，No. 4，2013，p. 7.

④ Andrew Jordan，Dave Huitema，Harro van Asselt and Johanna Forster，eds.，*Governing Climate Change：Polycentricity in Action?* London and New York：Cambridge University Press，2019，p. 11.

果是累积性的和长期性的。[①] 政府可以通过规范安排，实现多中心力量共同合作，达到有效治理的目的。[②]

一 非国家行为体的兴起推动多中心气候治理发展

在过去的三十年中，UNFCCC 下的国际气候条约体系一直是全球气候治理的核心。与此同时，民间社会、企业、金融机构、城市等非国家行为体采取的气候行动也已经具有很长时间的历史，且参与规模持续地壮大，行动力度不断地加大。当前，C40、绿色和平组织、洛克菲勒基金会等许多由次国家行为体和非政府组织构成的跨国机制已经在全球气候治理中获得了很高的关注度、认可度和影响力。这些非国家行为体自发的气候行动不仅基于自身的特点而富有创新性和实验性，而且通过相互合作促进了“公私伙伴关系”等治理新形式的产生和发展。鉴于国际气候条约体系曾屡遭挫折并陷入僵局，在对全球气候治理机制进行反思与革新的过程中，非国家行为体的重要意义已经越来越凸显出来。

各种非国家行为体的气候行动经过长期的不断积累，有力地推动了全球气候治理机制朝着多中心的方向发展。当前，“国家自主贡献”加总与2℃甚至1.5℃目标之间的排放差距及弥补措施是联合国气候变化大会未来讨论的核心问题。[③] 而非国家行为体在全球气候治理中的参与日益增多，甚至提出了高于国家的减排目标，为弥合这一差距带来了希望。截至2021年2月，非国家行为体已经采取了数千项气候行动，包括10693个城市的11915项气候行动，4299家企业

① Elinor Ostrom, “Polycentric Systems for Coping with Collective Action and Global Environmental Change”, *Global Environmental Change*, Vol. 20, No. 4, 2010, pp. 552–555.

② 刘鸣主编《21世纪的全球治理：制度变迁和战略选择》，社会科学文献出版社，2016，第36页。

③ 王克、夏侯沁蕊：《〈巴黎协定〉后全球气候谈判进展与展望》，《环境经济研究》2017年第4期，第148页。

的8720项气候行动以及1144家金融机构的2348项气候行动等。[①] 这些非国家行为体常常以发起国际倡议的方式推进气候行动。例如，2017年12月，相关投资者发起了为期五年的“气候行动100+”倡议，旨在确保全球温室气体排放量最大的企业采取关键行动，与《巴黎协定》目标接轨。[②]“气候行动100+”现已成为气候变化领域最具影响力、最重要的投资者倡议之一，拥有逾500家投资者签署方，管理着47万亿美元的资产。[③] 此外，不同的非国家行为体之间还通过发起联合行动展示其集体力量。如在2020年6月5日的世界环境日，由996家公司、458座城市、24个地区、505所大学和36个最大的投资者组成的空前庞大的联盟发起了“奔向零碳”（Race to Zero）的全球活动，覆盖了26亿人口，占全球GDP的53%，二氧化碳排放量占全球排放量的23%。[④]

全球气候治理中的国家行为体和非国家行为体在很长的时间内常被分开讨论。多边主义者关注国际协定“自上而下”的制度设计，认为成功地设计一个国际协定并得到国家政府的支持和执行是最为关键的，这便足以解决气候变化问题。跨国主义者关注如何通过“自下而上”的气候行动的集体成果实现气候治理。[⑤] 对于气候治理中国家行为体和非国家行为体之间的关系，曾大致存在“相互替代”和“相互补充”两种认识倾向。前者认为，伴随国际气候治理机制

① “Global Climate Action NAZCA”, https://climateaction.unfccc.int/.

② 《气候行动100+2019年进展报告》，2020，第11页，https://d8g8t13e9vf2o.cloudfront.net/Uploads/k/a/r/chineseca1002019progressreport1002019_435906.pdf。

③ 《积极所有权实践：气候行动100+》，碳道网站，https://www.ideacarbon.org/news_free/53247/。

④ 《上千城市和公司发起“奔向零碳”全球运动 呼唤新冠大流行之后的绿色复苏》，联合国新闻网站，https://news.un.org/zh/story/2020/06/1059012。

⑤ Michele Betsill et al., “Building Productive Links between the UNFCCC and the Broader Climate Governance Landscape”, *Global Environmental Politics*, Vol. 15, No. 2, 2015, p. 1.

陷入僵局和跨国气候行动[①]的日渐兴起，应对全球气候变化的重心正在发生转移。[②] 后者认为，国际气候治理机制和跨国气候行动同为多中心气候治理的构成部分。[③] 在现实中，这两者之间是相互影响和相互作用的。

从第15届联合国气候变化大会（哥本哈根）出现外交僵局之后至第21届联合国气候变化大会（巴黎）的准备阶段，不断变化的政治环境和日益严峻的气候变化问题为在国家行为体和非国家行为体之间建立建设性的新关系打开了一个前所未有的机会之窗。[④] 在第21届联合国气候变化大会（巴黎）召开之前的很长一段时间，非政府组织、商业界、学术界和其他行为体一直在为推动达成新的全球气候协议而努力，从气候变化科学和经济学的角度论证需要采取强有力的气候行动。可以说，非国家行为体使得第21届联合国气候变化大会（巴黎）最后的谈判成功成为可能。时任UNFCCC执行秘书克里斯蒂安娜·菲格雷斯（Christiana Figueres）曾指出，"自下而上"的气候行动是第21届联合国气候变化大会（巴黎）取得成功的重要因素。[⑤] 由此可见，随着非国家行为体的作用日益增大，其对国家行为体的影响也越来越

① 我们将跨国气候行动理解为利益攸关方，而非作为UNFCCC的缔约方的国家实施的气候行动。它包括城市、地区、跨国公司、小型和中型企业，市民社会、投资方、原住民社区和其他社会组织，单独地或联合地，旨在减少温室气体排放和/或适应气候变化的影响所提出的气候倡议。因此，跨国气候行动的范畴十分宽泛，不仅限于私人行为体，还包括地方政府和国有企业。参见Sander Chan et al.，"Aligning Transnational Climate Action with International Climate Governance：The Road from Paris"，*Review of European*，*Comparative & International Environmental Law*，Vol. 25，No. 2，2016，p. 240。

② Matthew J. Hoffmann，*Climate Governance at the Crossroads. Experimenting with a Global Response after Kyoto*，New York：Oxford University Press，2011，p. 78.

③ Andrew Jordan，Dave Huitema，Harro van Asselt and Johanna Forster，eds.，*Governing Climate Change*：*Polycentricity in Action*? London and New York：Cambridge University Press，2019，p. 67.

④ Sander Chan et al.，"Reinvigorating International Climate Policy：A Comprehensive Framework for Effective Nonstate Action"，*Global Policy*，Vol. 6，No. 4，2015，p. 467.

⑤ 薄燕、高翔：《中国与全球气候治理机制的变迁》，上海人民出版社，2017，第282页。

深刻，全球气候治理已经逐步由一种谈判推动治理模式转变为治理实践深入影响谈判进程的模式。[①] 在未来新的全球气候治理秩序的形成过程中，不论是国家行为体还是非国家行为体都将发挥自身的影响力。

二　国际机制和跨国机制之间的互补性

在参与气候治理的行为体日益多元化的背景下，全球气候治理机制日益呈现出更多的复杂性。[②] 现在有相当数量的跨国机制在处理气候问题。它们在为衡量和报告碳排放与碳中和制定标准、构建自愿碳市场、管理和资助可再生能源项目、传播环境信息等方面发挥着重要的治理作用。在跨国机制中，私人行为体（如环境非政府组织、商业企业和技术专家）和地方政府（如省和市）在治理中发挥主要作用，并且能进行跨越国界的治理活动。这些跨国机制共同形成了一个跨国的机制复合体（transnational regime complex），这些机制之间具有松散的联系但仍然是碎片化的。[③]

在跨国机制复合体中，占主导地位的机制可以通过加强各机制之间的协调与协作水平来强化跨国机制复合体，同时保持多中心治理的优势。主导性机制还可以支持较弱的机制，并鼓励新组织的加入以弥补治理的不足。正如 ICLEI 在不同的跨国城市气候网络中间起到了主导和协调作用，以及对 C40 和 GCoM 起到的支持作用一样。跨国机制复合体还可以通过与其他机制合作的方式来提升自己的力量，正如 C40 与克林顿气候倡议、世界银行、世界能源研究所、美国布隆伯格慈善基金会等结成广泛的伙伴关系以增强行动力。[④]

---

① 李昕蕾：《治理嵌构：全球气候治理机制复合体的演进逻辑》，《欧洲研究》2018年第2期，第94页。

② 李昕蕾：《治理嵌构：全球气候治理机制复合体的演进逻辑》，《欧洲研究》2018年第2期，第93页。

③ Kenneth W. Abbott, "Strengthening the Transnational Regime Complex for Climate Change", *Transnational Environmental Law*, Vol. 3, No. 4, 2013, pp. 5 – 9.

④ Kenneth W. Abbott, "Strengthening the Transnational Regime Complex for Climate Change", *Transnational Environmental Law*, Vol. 3, No. 4, 2013, p. 5.

跨国机制复合体力量的不断壮大使其与当前的国际机制构成了鲜明的对比。跨国机制不加入国家间的多边谈判，也不会寻求为国家制定全面而具有约束性的规则。它们的目标包括以下两个。（一）直接动员和支持各个层次和各种规模的次国家行为体和社会性力量，而不是直接与国家产生互动。（二）跨国机制虽然不能直接管理国家行为，但是可以通过倡导和创造示范效应、塑造规范和价值观，或者施加政治压力等方式，迫使国家政府为应对气候变化采取行动。①

跨国机制和国际机制之间是相互补充和相互促进的。理想的情况是将国际机制和跨国机制结合在一起。跨国机制可以独立地供给规范和采取行动。尤其是，当国际谈判无法，或者不足以产出预期成果时，跨国机制至少可以部分地进行补充，包括帮助填补减排差距、影响政府性行为体和社会性行为体的行为、进行治理实践创新以促进和影响国际谈判进程等。因此，对全球气候治理中的跨国机制应该给予鼓励和支持。②

跨国机制和国际机制之间可以通过战略性合作强化各自的优势，同时应对各自的劣势。跨国机制的气候行动具有灵活性、创新性和多样性的优势，但是缺乏中心力量的引导，而国际机制具有合法性，覆盖了全球范围，但是进展缓慢、制度僵硬。有学者提出如果以正确的方式将跨国机制和国际机制关联起来，那么就可以使两种治理方式的成果最大化，并对此提出了包括协作性、全面性、可评估性和促进性在内的原则性建议。③

总之，全球气候治理格局已从最初的国际机制演变成为一种包

---

① Kenneth W. Abbott, "Strengthening the Transnational Regime Complex for Climate Change", *Transnational Environmental Law*, Vol. 3, No. 4, 2013, p. 5.

② Kenneth W. Abbott, "Strengthening the Transnational Regime Complex for Climate Change", *Transnational Environmental Law*, Vol. 3, No. 4, 2013, p. 5.

③ Sander Chan et al., "Reinvigorating International Climate Policy: A Comprehensive Framework for Effective Nonstate Action", *Global Policy*, Vol. 6, No. 4, 2015, pp. 468 – 469.

含多元行为体和跨国机制在内的气候治理机制复合体。[①] 如何促进气候治理机制复合体内部的多元有序互动并促进机制适当整合已经成为未来全球气候治理的研究重点。国际机制虽然承认非国家行为体在政策制定和执行方面的作用，但很少对跨国气候行动做出规定。未来，国际机制应尝试将跨国机制纳入一个完整有序的全球治理体系。[②] 而如果能够深入和具体地认识各种非国家行为体和跨国机制的作用，就可以为未来的政策设计提供一些准备和启示。

第二节 为国际气候条约体系的趋势性转型提供合作机遇

国际气候条约体系最为广泛地代表了国家政府，因此在气候治理中享有最高的合法性。过去 30 年中，国际气候条约体系取得了不容忽视的治理成效。但与此同时，它本身也面临机制走向僵化的危险和治理效果欠佳的窘境。作为全球气候治理中的核心机制，国际气候条约体系的自我调整是突破全球气候治理发展瓶颈的关键。自 1992 年签订 UNFCCC，到 1997 年签署《京都议定书》，再到 2015 年达成《巴黎协定》，国际气候条约体系经历了从尊重不同国家之间差异性到考虑各国内部特殊性的调整与转型。国际气候条约体系日益注重兼顾全球气候治理的本土化考量，气候治理的可行性也由此不断地得到提高。在这样一种趋势下，国际气候条约体系的治理理念与跨国城市气候网络之间的相容度越来越高，这为两者之间的深入合作乃至机制整合铺平了道路。

---

① 李昕蕾：《治理嵌构：全球气候治理机制复合体的演进逻辑》，《欧洲研究》2018 年第 2 期，第 115 页。

② Kenneth W. Abbott, "Strengthening the Transnational Regime Complex for Climate Change", *Transnational Environmental Law*, Vol. 3, No. 4, 2013, p. 18.

一　国际气候条约体系的转型趋势

国际气候条约体系以1992年签订的UNFCCC为核心框架。UNFCCC规定全球气候治理的最终目标是："将大气中温室气体的浓度稳定在防止气候系统受到危险的人为干扰的水平上。这一水平应当在足以使生态系统能够自然地适应气候变化、确保粮食生产免受威胁并使经济发展能够可持续地进行的时间范围内实现。"① 此后，国际气候条约体系从这一目标出发，从通过"共同但有区别的责任"承认国家的区别性，到通过国家自主贡献机制赋予国家以自主性，逐步地对推动国际协定的顺利达成和成功实施的气候治理之道进行探索。

（一）《京都议定书》——共同但有区别的责任

人类活动所导致的气候变化是全球面临的一个艰巨挑战。然而不同国家对全球温室气体排放的贡献率及其所承受的气候变化影响却有很大差别。"共同但有区别的责任"这一逻辑至关重要，它使得20世纪90年代谈判各方就气候政策的国际法律框架达成了一致。②"共同但有区别的责任"意味着所有国家都需要尽可能地广泛合作以应对气候变化及其不利影响，而且所有国家都有责任做出相应的行动。然而，"有区别的"这个词也暗示着在对不同的国家采纳和执行不同的承诺时，应考虑其不同的条件和能力、它们对二氧化碳排放的历史贡献以及它们具体的发展需要。③

---

① 《联合国气候变化框架公约》，第5页，https://unfccc.int/sites/default/files/convchin.pdf。

② Pieter Pauw et al.，"Different Perspectives on Differentiated Responsibilities：A State – of – the – art Review of the Notion of Common but Differentiated Responsibilities in International Negotiations"，Discussion Paper，Deutsches Institut für Entwicklungspolitik，No.6，2014，p.1.

③ 《关于有区别的责任的不同观点——国际谈判中有关共同但有区别的责任概念的最新评述》，德国发展政策研究所（DIE）讨论稿，https://www.die – gdi.de/uploads/media/Neu_DP_22.2014.pdf。

“共同但有区别的责任”的提出经历了一个不断发展完善的过程。20世纪60~70年代的一些涉及环境问题的国际法文件只强调“共同责任”。1972年《人类环境宣言》对“共同责任”的认识开始体现“区别责任”，提出应该照顾到发展中国家的情况和特殊性。1982年《内罗毕宣言》和《联合国海洋法公约》都提出了对发展中国家的援助问题。1985年《保护臭氧层维也纳公约》和1987年《关于消耗臭氧层物质的蒙特利尔议定书》为发达国家和发展中国家规定了不同的义务。①

1992年UNFCCC在序言中明确提出了“共同但有区别的责任原则”概念，并在第4条中规定了其实质内容，其相关表述为“共同但有区别的责任”提供了法理基础。② 1997年，《京都议定书》第十条确认了这一原则，并以法律形式予以明确、细化。它规定发达国家应承担的减少温室气体排放的量化义务，而没有严格规定发展中国家应当承担的义务。这是这条原则的具体体现。③

“共同但有区别的责任”是许多国家参与全球气候谈判所秉持的原则立场。《京都议定书》以具有法律约束力的方式为发达国家分配了减排目标，同时以“共同但有区别的责任”原则照顾了发展中国家的特殊情况。然而，随着新兴经济体的崛起，这一原则日渐成为各国争论的焦点。一些国家认为，这一原则不能体现发展中国家多样化的发展趋势。与此同时，京都模式在各国国内政治现实不断变动的冲击下，已经越来越不具有适应性，在主要排放国国内遭遇重重

① 李扬勇：《论共同但有区别责任原则》，《武汉大学学报》（哲学社会科学版）2007年第4期，第549~550页。

② 李扬勇：《论共同但有区别责任原则》，《武汉大学学报》（哲学社会科学版）2007年第4期，第551页；《联合国气候变化框架公约》，1992，第2页、第6页，https://unfccc.int/sites/default/files/convchin.pdf。

③ 《什么是“共同但有区别的责任”》，《第一财经日报》网站，https://www.yicai.com/news/399759.html；《〈联合国气候变化框架公约〉京都议定书》，1997，第9~11页，https://unfccc.int/sites/default/files/kpchinese.pdf。

阻力：美国国会从未核准该议定书，加拿大也于 2011 年宣布退出。[①] 仅靠“共同但有区别的责任”已经不能满足现实发展的需要。

（二）《巴黎协定》——“国家自主贡献”

经过几年时间的酝酿，国家自主贡献成了 2015 年《巴黎协定》的核心机制，这使《巴黎协定》成了推动全球气候治理发展与革新的里程碑式文件。和《京都议定书》为发达国家强制分配减排义务不同的是，它规定所有缔约方根据各自能力提出第一个五年期的自主减缓和适应气候变化的方案，其中发达国家应该在国家自主贡献中体现对发展中国家特别是小岛屿国家、最不发达国家提供资金、技术和能力建设的援助。[②] 国家自主贡献机制使国家的自主性大大增强，重新凝聚了各缔约方的共识，使得国际气候治理合作再一次运转起来。

为了促进全球气候治理目标的实现，《巴黎协定》制定了“只进不退”的棘齿锁定（Ratchet）机制。[③] 也就是说，各国提出的行动目标，无论涉及减排、适应还是资金，一旦自主决定，都将建立在不断进步的“自主贡献”的基础上。此外，《巴黎协定》以“全球盘点机制”负责国家自主贡献的定期审议，以此鼓励各国基于新的情况、新的认识不断加大行动力度，确保实现应对气候变化的长期目标。[④] 由此可见，新制度设计提供了一种包含自下而上的灵活性

---

① 邓梁春：《“自下而上”气候治理模式的新挑战》，中外对话网站，https://chinadialogue.net/zh/3/42951/。

② 季华：《〈巴黎协定〉中的国家自主贡献：履约标准与履约模式——兼评〈中国国家计划自主贡献〉》，《江汉学术》2017 年第 5 期，第 65 页。

③ 罗丽香、高志宏：《美国退出〈巴黎协定〉的影响及中国应对研究》，《江苏社会科学》2018 年第 5 期，第 190 页。

④ 曾文革、党庶枫：《〈巴黎协定〉国家自主贡献下的新市场机制探析》，《中国人口·资源与环境》2017 年第 9 期，第 114 页；杨驿昉、徐博雅、王韬：《〈从京都议定书〉到〈巴黎协定〉：中国如何成为全球气候治理领导者》，一财网，https://www.yicai.com/news/4725355.html。

和自上而下的监测、报告和审查的混合模式。[①]

但是，《巴黎协定》也存在着一些弊端和弱点。由于可能缺乏统一核算规则，缺乏对目标力度的指导和强制性要求，《巴黎协定》难以保证行动的整体力度。[②] 即使已经考虑到了各国国内的特殊情况并给了行为体自主调适利益的空间，《巴黎协定》依然不能保证会得到国家的充分执行。美国退出《巴黎协定》充分说明了国内因素在全球气候治理中的优先性。可以说，《巴黎协定》的缺点在于其自愿属性。鉴于全球碳排放必须在2030年之前减半，《巴黎协定》框架是否足够完善从而推动具有紧迫感和雄心的行动，还有待检验。将全球变暖控制在远低于2摄氏度的水平并争取做到低于1.5摄氏度是一场有着严格时间限制的赛跑，而《巴黎协定》本身不过是一把发令枪。[③]

《巴黎协定》真正的成功之处首先在于它的促进作用。《巴黎协定》以国家自主贡献机制为参与者提供了获得额外收益的机会，如展现责任担当、构建积极形象和树立全球典范等。在不存在唯一判定标准的情况下，鉴于对一国治理行动做出评价的一个重要参照是其既有行为，因此国家采取超出预期的行动以获取额外收益的成本更小、难度更低，这大大激发了治理行为体的自主性和积极性。[④]《巴黎协定》不只激励了政府，也在鞭策着私营部门，它是一种催化剂：无论是在演讲中做出的承诺还是保证抑或只是提及，它在某种程度上引起了人们对气候问题的关注。[⑤]

① Karin Bäckstrand et al.，“Non-state Actors in Global Climate Governance：From Copenhagen to Paris and Beyond”，*Environmental Politics*，Vol. 26，No. 4，2017，p. 566.

② 邓梁春：《“自下而上”气候治理模式的新挑战》，中外对话网站，https://chinadialogue. net/zh/3/42951/。

③ 乔斯林·廷珀利：《“动态”的〈巴黎协定〉是否足以应对气候变化?》，中外对话网站，https://chinadialogue. net/zh/3/69306/。

④ 齐尚才：《全球治理中的弱制度设计——从〈气候变化框架公约〉到〈巴黎协定〉》，外交学院博士学位论文，2019，第78页。

⑤ 乔斯林·廷珀利：《“动态”的〈巴黎协定〉是否足以应对气候变化?》，中外对话网站，https://chinadialogue. net/zh/3/69306/。

虽然《巴黎协定》自2015年通过以来几经挫折，包括全球第二大排放国美国的退出，但是这也同时展现了《巴黎协定》在政治困难面前的强韧。[①] 美国退出《巴黎协定》的行为在遭到国际社会批评的同时，并没有导致全球气候治理陷入停滞或者混乱，说明当前全球气候治理已不再依赖于个别国家的政策和行动，城市、企业、社会团体甚至个人更积极地参与到气候治理中来并且切实采取行动，全球气候治理迎来了一个新的时代。[②] 美国的行为同时受到美国国内社会的反对。2021年，拜登政府上台后，美国正式重新加入了《巴黎协定》。

《巴黎协定》的签署为非国家行为体的参与和跨国机制发挥作用提供了广阔的空间。此前，《京都议定书》“自上而下”地为缔约方分配减排目标，并以法律责任确保行动效果，这使得减排责任最大限度地集中于国家，而非国家行为体被相应地排除在外，其行动能力也长期受到忽视和抑制。而《巴黎协定》自谈判到执行都使得非国家行为体和跨国机制的重要性得到凸显。已经有越来越多的人认识到，跨国气候行动是对国际气候治理的补充和支持，而不是与之竞争和对立。[③]《巴黎协定》的达成固然是多边外交的成果，但是如果没有非国家行为体的推动，这个全球气候治理的新里程碑也许难以树立。[④] 2015年《巴黎协定》采用了国家自主贡献机制之后，非国家行为体的气候行动普遍被认为可以帮助国家获得技术、专业知

① 乔斯林·廷珀利：《“动态”的〈巴黎协定〉是否足以应对气候变化?》，中外对话网站，https://chinadialogue.net/zh/3/69306/。

② 张中祥、张钟毓：《全球气候治理体系演进及新旧体系的特征差异比较研究》，《国外社会科学》2021年第5期，第145页。

③ Liliana B. Andonova et al., "National Policy and Transnational Governance of Climate Change: Substitutes or Complements?", *International Studies Quarterly*, Vol. 61, No. 2, 2017, pp. 253 - 268; Michele Betsill et al., "Building Productive Links between the UNFCCC and the Broader Climate Governance Landscape", *Global Environmental Politics*, Vol. 15, No. 2, 2015, pp. 1 - 10.

④ 薄燕、高翔：《中国与全球气候治理机制的变迁》，上海人民出版社，2017，第282页。

识、信心，以做出更具雄心的国家自主贡献。[①]

国际气候条约体系的自我调整也为其与跨国城市气候网络的合作提供了机遇。首先，《巴黎协定》充分承认并肯定了基于国内驱动的全球气候治理的合理性，履约模式从依靠强制国家执行国际协定的法律约束力到注重释放和激发国内动力与活力。[②] 其次，《巴黎协定》将气候适应纳入国家自主贡献的行动标准，治理内容从重视减缓气候变化到兼顾适应气候变化。最后，《巴黎协定》采取以国家自主贡献为主并配合棘齿锁定和全球盘点的治理机制，治理方式从强调缔约方担负责任到需要更多地考虑能力建设和激励机制。对跨国城市气候网络而言，以上这些新变化为其助力《巴黎协定》的成功实施，以及在未来与国际气候条约体系进行深入的互动协作以共同推进全球地方主义治理提供了基础和可能。

二　跨国城市气候网络与国际气候条约体系的合作要点

跨国城市气候网络可以在如下三个方面对国际气候条约体系发挥积极的促进作用：从治理层面上看，可以促进国内层面配合国际层面履约；从治理内容上看，有助于兼顾减缓气候变化和适应气候变化；从治理方式上看，可以推动责任分配与能力建设并重。

（一）国内层面与国际层面的配合

国际气候条约体系是全球气候治理的核心机制，而国际条约的履约模式主要分为国际和国内两个层面，国际层面的履约模式也可

① Sander Chan et al., "Reinvigorating International Climate Policy: A Comprehensive Framework for Effective Nonstate Action", *Global Policy*, Vol. 6, No. 4, 2015, p. 467.

② 汪万发、张彦著：《碳中和趋势下城市参与全球气候治理探析》，《全球能源互联网》2022 年第 1 期，第 98 页。

被称为“遵约机制”，国内层面的履约模式也可以被称为“实施模式”。[①] 鉴于国际条约并不具备强制实施的能力，无法对国家内部的行为产生直接影响，因此，国际气候条约体系若想达到理想的治理效果，需要国内层面与国际层面的治理相互配合。也就是说，作为“自上而下”的安排，其解决问题的能力大部分由致力于相同问题、“自下而上”的各种安排的补充程度所决定。[②] 国家内部行为的重要性在气候治理领域表现得尤为明显。焚烧化石燃料所产生的二氧化碳排放问题是个人为工作和娱乐使用汽车、工厂使用化石燃料开动生产线、城市使用燃油发电厂发电等行为的后果。认识到这些个体行为的重要性之后，人们应该明确的是，只有深植于各成员国经济政治体系内部的行为发生改变，UNFCCC 才能取得成果。因此，我们显然需要更系统地考虑按照不同社会尺度运行的制度之间的制度性联系和相互作用。[③]

《巴黎协定》的签署体现了承认国内因素在气候治理中日益占据主导地位的新的治理逻辑。[④] 想要提升国家自主贡献，必然要加强国内的动员和驱动。在这一背景下，在城市层次采取减少温室气体排放和适应气候变化的行动的重要性及其对各国实现其国际承诺所具有的重要意义得以凸显出来。[⑤] 跨国城市气候网络调动了城市在全球气候治理中的积极性和主动性，联合私营部门结成公私伙伴关系，引导市民转变观念和行为方式，使城市开始由被治理的对象转变为实施治理的主体，由此有效地弥补了国际气候条约体系难以影响国

① 季华：《〈巴黎协定〉中的国家自主贡献：履约标准与履约模式——兼评〈中国国家计划自主贡献〉》，《江汉学术》2017 年第 5 期，第 63 页。

② 俞可平主编《全球化：全球治理》，社会科学文献出版社，2003，第 82 页。

③ 俞可平主编《全球化：全球治理》，社会科学文献出版社，2003，第 82 页。

④ Robert Falkner, “The Paris Agreement and the New Logic of International Climate Politics”, *International Affairs*, Vol. 92, No. 5, 2016, p. 1125.

⑤ 《城市与气候变化——全球研究与行动议程》，IPCC 网站，https://www.ipcc.ch/site/assets/uploads/2019/07/%E4%B8%AD%E6%96%87%E7%89%88 - %EF%BC%88%E8%8D%89%E7%A8%BF1_Research - and - Action - Agenda - in - Chinese.pdf。

家内部行为的局限。在1990年ICLEI成立之前，在各城市中人们并未广泛地谈论气候变化的威胁，在全球气候治理中也并没有城市的声音。UNFCCC和《京都议定书》中也均未提及城市。[①] 当前，城市已经成为全球气候治理的重要参与者。弹性城市、海绵城市、低碳城市、生态城市等概念层出不穷。东京、芝加哥、伦敦、巴黎、上海等主要城市更是碳市场建设的实践前沿。[②] 一份在第21届联合国气候变化大会（巴黎）期间发布的研究表明，共计来自超过99个国家的7025个城市正采取气候行动，覆盖了世界总人口的11%，占据了全球国内生产总值的32%。[③]

气候治理的实施不仅需要依赖外在制约，更需要焕发内在动力。通常认为，当一个城市或国家达到较高的富裕程度并且明确表达出对更好的生活质量的社会需求时，就会自发调动资源来改良技术系统和消除污染的影响。因此，全球范围中的城市在全球气候治理中扮演着先锋的角色。[④] 早在1988年，以“变化中的大气：对全球安全的意义”为主题的会议在加拿大多伦多召开。会议号召采取政治行动，呼吁立即着手制订保护大气的行动计划，并提出到2005年二氧化碳排放量将比1988年减少20%。[⑤] 自多伦多会议开始，气候变化问题正式

① “A Brief History of Local Government Climate Advocacy: The Local Government Climate Roadmap - mission [almost] Accomplished”, ICLEI Briefing Sheet - Climate Series, No. 1, p. 2, https://www.global-taskforce.org/sites/default/files/2017-06/01_-_Briefing_Sheet_Climate_Series_-_LGCR_2015.pdf.

② 汪万发、张彦著：《碳中和趋势下城市参与全球气候治理探析》，《全球能源互联网》2022年第1期，第98页。

③ Angel Hsu, “Assessing the Wider World of Non-state and Sub-national Climate Action”, Yale Data Driven Environmental Solutions Group, https://cpb-us-e1.wpmucdn.com/campuspress-test.yale.edu/dist/6/954/files/2015/12/Assessing-the-Wider-World-of-Non-state-and-Sub-national-Climate-Action-2d5oghz.pdf.

④ 《应对城市环境挑战的问题选择》，联合国网站，https://www.un.org/chinese/esa/energy/habitat6.shtml。

⑤ 《气候变化问题的由来和〈联合国气候变化框架公约〉》，中国气候变化信息网，http://203.207.195.156/Detail.aspx? newsId=27822&TId=59。

进入国际政治的议事议程。[①] 而城市多伦多率先承诺履行这一目标。[②]

更重要的是，城市和跨国城市气候网络长期以来都是根据国际气候条约体系的发展情况，积极主动地展开配合性和支持性的气候行动的。2007 年在印度尼西亚巴厘岛举行的第 13 届联合国气候变化大会上，城市代表形成了第二大代表团，并签署了《世界市长和地方政府气候保护协定》以共同应对气候变化的问题。该协定称，到 2050 年，市政当局将寻求在全球范围内减少 60% 的温室气体，其中工业化国家城市的排放量减少 80% 。[③] 2015 年之后，全球性跨国城市气候网络都将在城市层面协助推进《巴黎协定》作为最重要的目标，并纷纷提出了相应的倡议和活动，如 C40 的"期限 2020"倡议。2018 年，为了回应 2017 年第 23 届联合国气候变化大会（波恩）确立的塔拉诺阿对话机制（Talanoa Dialogue），ICLEI 发起了城市和地区塔拉诺阿对话（Cities and Regions Talanoa Dialogues），以协调各级政府的行动，提升国家自主贡献，推进全球范围的气候行动。[④] 当前，城市加入全球性的跨国城市气候网络已经被看作对《巴黎协定》的支持。

（二）减缓和适应气候变化的兼顾

即使能够在 21 世纪中叶实现碳中和，我们的气候也将继续变化。一个严肃的气候计划不仅应寻求减少碳排放，还应着眼于应对未来不可避免的变化。[⑤] 有学者研究了不同非国家行为体在参与全球

① 李慧明：《生态现代化与气候治理：欧盟国际气候谈判立场研究》，社会科学文献出版社，2017，第 89 页。

② Tommy Linstroth and Ryan Bell, *Local Action*: *The New* Paradigm *in Climate Change Policy*, Burlington: University of Vermont Press, 2007, p. 30.

③ Harriet Bulkeley and Peter John Newell, *Governing Climate Change*, London and New York: Routledge, 2010, p. 60, 107.

④ 参见 ICLEI 官方网站，https://iclei. org/en/Talanoa_Dialogue. html。

⑤ Robert Lempert, "How to Assess Candidates' Decarbonization and Climate Resilience Plans", GreenBiz, https://www. greenbiz. com/article/how - assess - candidates - decarbonization - and - climate - resilience - plans.

气候治理中的比较优势，认为环境非政府组织（ENGOs）的优势在于提高公众对气候变化的认识和代表公众意见，商业非政府组织（BINGOs）的优势在于影响决策和议程设置，研究暨独立非政府组织（RINGOs）的优势在于提供专业知识和进行结果评估，地方政府和市政当局（LGMA）的优势是在气候适应领域采取行动。[①] 由此可见，全球机制和地方机制的共同存在和相互协作可以更好地兼顾全球气候治理中的减缓和适应气候变化问题。

长期以来，全球气候治理都是重减缓轻适应。减缓是指采取各种减少温室气体排放的行动；适应是指采取积极主动的行动减轻气候变化造成的危害，并尽可能地利用气候变化的有利因素所带来的机遇。1992 年 UNFCCC 一经签署，国际社会就把注意力集中在“减缓”上。多年来，气候政策倡导者一直回避讨论适应问题，因为他们认为这样做会削弱寻求有效方式缓解气候变化的政治决心。因此，适应气候变化的需要在很大程度上被视为减缓气候变化策略失败的无奈之选。[②] 2009 年第 15 届联合国气候变化大会（哥本哈根）是一个重要的转折点。当时大家都期待能达成一个实质性的、有法律约束力的高强度减排协议，但由于发达国家的阻挠最后未能如愿。从那以后国际社会开始重视适应问题。[③] 2014 年第 20 届联合国气候变化大会（利马）将适应提到与减缓同等重要的位置。2015 年《巴黎协定》将减缓和适应都纳入国家自主贡献的行动标准。

适应气候变化在《巴黎协定》的谈判过程中受到了前所未有的重视，并与缓解气候变化和气候融资承诺共同构成了《巴黎协定》

① Naghmeh Nasiritousi et al., “The Roles of Non-state Actors in Climate Change Governance: Understanding Agency through Governance Profiles”, *International Environmental Agreements: Politics, Law and Economics*, Vol. 16, No. 1, 2006, pp. 118 - 120.

② Steve Rayner, “How to Eat an Elephant: A Bottom - up Approach to Climate Policy”, *Climate Policy*, Vol. 10, No. 6, 2010, p. 617.

③ 徐楠、刘静杨：《气候变化令城市成为“敏感脆弱区域”》，中外对话网站，https://chinadialogue.net/zh/3/42236/。

的三大支柱。[1]《巴黎协定》要求所有签署方通过国家计划、气候信息系统、预警、保护措施和对绿色未来的投资等方式实施适应措施。虽然适应不能代替成功的缓解，但是基于现有条件和未来预期更好地采取适应性措施已经越来越具有必要性，而且能为人们带来显而易见的好处。减缓和适应气候变化已经成为应对气候变化挑战的两个有机组成部分。减缓全球气候变化是一项长期、艰巨的挑战，而适应气候变化则是一项现实、紧迫的任务。[2]

适应气候变化在全球气候治理中变得愈益重要。联合国秘书长古特雷斯指出，我们亟须达成全球承诺，确保在 2022 年，全球气候融资总额的一半被应用于气候适应。这要求我们大幅推进气候适应工作的方方面面——从预警系统到水资源弹性，再到基于自然的解决方案等。[3] 第 26 届联合国气候变化大会（格拉斯哥）主席阿洛克·夏尔马（Alok Sharma）表示，这场大会的首要任务之一是“让公共和私人资金流向气候行动，尤其是流向新兴市场和发展中经济体，特别是流向气候适应”。[4] 会议达成的《格拉斯哥气候协议》规定，到 2025 年后提供给发展中国家的气候适应资金将至少翻倍。[5]

适应气候变化和减缓气候变化措施的实施路径具有本质的不同。

---

① Nicola Tollin, “The Role of Cities and Local Authorities Following COP 21 and the Paris Agreement”, *Sustainable*, Vol. 16, No. 1, 2015, p. 48；凯瑟琳·厄尔利：《气候行动资金“流”起来了吗?》，中外对话网站，https://chinadialogue.net/zh/3/73651/。

② 杨秀：《城市应对气候变化的行动与进展》，国家应对气候变化战略研究与国际合作中心网站，https://www.eu-chinaets.org/storage/upload/file/20210326/1616755796568135.pdf。

③《联合国报告：加强气候适应，否则将面临严重的人类和经济损失》，联合国环境规划署网站，https://www.unep.org/zh-hans/xinwenyuziyuan/xinwengao-24。

④ 凯瑟琳·厄尔利：《气候行动资金“流”起来了吗?》，中外对话网站，https://chinadialogue.net/zh/3/73651/。

⑤ 克里斯多夫·戴维：《COP 26：格拉斯哥气候变化大会上达成了哪些协议?》，中外对话网站，https://chinadialogue.net/zh/3/74123/。

适应更强调行为体的自身应对能力。[①] 它也不需要一个由近200个国家政府谈判达成的具有普遍约束力的条约。个别国家，甚至区域和城市行政当局，都有能力修改建筑条例，并以抵御短期和中期气候变化的影响为标准投资基础设施。[②] 由于气候变化在不同地方的影响具有特殊性，因此适应行动将不可避免地具有地方性。[③] 相较于国家而言，城市对气候问题的解读结合了更小规模和更为具体的当地环境，因此在应对气候适应的问题上可以结合地方知识发挥其特殊优势。这在为城市的治理能力提出挑战的同时也为城市参与气候治理提供了机遇。

城市应该是最先开展行动适应气候变化的区域。城市是自然生态系统和人类社会系统最大的交接面。气候条件的改变会影响社会条件和经济发展，进而导致城市生活的各个方面出现连锁反应。相比之下，虽然农业会受到气候变化的直接影响，但是农业生产的广阔空间为其提供了一定的回旋余地。而城市因人口密度大、大量财富聚集，其面临的适应任务其实更加紧迫。在2013年中国《国家适应气候变化战略》中，出现了以农业领域的适应为先到将“基础设施”放在农业之前的变化，这体现了认识上的一个重要转变。[④] 总体来说，提高基础设施的气候韧性、建立有效的灾害预警和应急响应机制是城市强化气候适应能力的关键。其中，沿海城市更需抵御日益加剧的台风和风暴潮的影响，内陆城市在保护用水安全和防范内涝方面的需求则更加突出，其对应的适应手段也各有侧重。[⑤] 而通

---

① 季华：《〈巴黎协定〉中的国家自主贡献：履约标准与履约模式——兼评〈中国国家计划自主贡献〉》，《江汉学术》2017年第5期，第62~63页。

② Steve Rayner, “How to Eat an Elephant: A Bottom - up Approach to Climate Policy”, *Climate Policy*, Vol. 10, No. 6, 2010, p. 617.

③ Ibid., p. 620.

④ 徐楠、刘静杨：《气候变化令城市成为“敏感脆弱区域”》，中外对话网站，https://chinadialogue.net/zh/3/42236/。

⑤ 《IPCC〈气候变化2022：影响、适应和脆弱性〉报告发布》，北京绿研公益发展中心网站，https://www.ghub.org/perspectives - ipcc - ar6 - 02/。

过保障城市周边的商品和服务供应链以及资金流动，城市地区的气候适应性发展也能够为农村地区的适应能力提升提供支持。①

跨国城市气候网络极大地推动了全球范围内城市的气候适应行动。适应气候变化不是简单地被动适应已经出现的气候变化的影响，而应是在实现可持续发展大背景下的主动适应。② 2002 年，ICLEI 首次在联合国可持续发展全球峰会上提出“韧性城市”的概念，并与联合国减灾署、联合国开发计划署、联合国人居署以及联合国环境规划署就城市韧性建立合作关系。③ 2010 年，首届韧性城市全球大会由 ICLEI、世界气候变化市长委员会和德国波恩市市政府联合举办④。2012 年，联合国减灾署启动了亚洲城市应对气候变化韧性网络。2013 年，洛克菲勒基金会启动了“全球 100 韧性城市”项目。2016 年，第三届联合国住房与可持续城市发展大会（人居Ⅲ）将倡导“城市的生态与韧性”作为新城市议程的核心内容之一。⑤ 这些行动推动了全球范围内城市在气候适应中的实践进程，使“韧性”从过去的边缘议题逐渐变为各级政府的主流政策方针。《巴黎协定》《2030 年可持续发展议程》《仙台减少灾害风险框架》等文件均特别强调了城市在气候适应中所扮演的重要角色。

研究发现，跨国城市气候网络中的城市成员比其他城市更有可

---

① IPCC, “Climate Change 2022: Impacts, Adaptation and Vulnerability – Summary for policymakers”, p. 33, https://report.ipcc.ch/ar6wg2/pdf/IPCC_AR6_WGII_SummaryForPolicymakers.pdf.

② 张晓华等：《IPCC 第五次评估第二工作组报告主要结论解读》，国家应对气候变化战略研究与国际合作中心网站，http://www.ncsc.org.cn/yjcg/zlyj/201404/t20140409_609563.shtml。

③ 《宜可城－地方可持续发展协会东亚秘书处主任朱澍：城市寻求可持续发展应考虑将“基于自然的解决方案”主流化》，《每日经济新闻》网站，http://www.nbd.com.cn/articles/2020-11-17/1550416.html。

④ 《东北亚城市于 2019 韧性城市全球大会分享地方行动》，ICLEI 东亚秘书处网站，https://eastasia.iclei.org/zh-hans/nea-cities-at-resilient-cities-2019/。

⑤ 《何为“韧性城市”？——权威概念解析及最新案例分析》，搜狐网，https://www.sohu.com/a/155180704_651721。

能采取适应行动，并且多个网络的成员身份与更高的适应规划水平相关联。[①] 2019 年，ICLEI 发布了《生生不息的城市：韧性城市的演进与发展》的报告，该报告显示，截至 2019 年，ICLEI 的城市成员中已有 20% 开始采用兼顾减缓和适应气候变化与城市可持续发展的规划方法。另外，更有许多城市已完成了初步风险评估和规划，正向执行阶段迈进。[②] 据 C40 的报告称，自 2011 年以来，适应行动的数量在各城市报告的所有行动中占比稳步上升，从 2011 年的 11% 上升到 2013 年的 13% 和 2015 年的 16% 。在 C40 先前工作的基础之上，C40 和奥雅纳集团在布隆伯格基金会的支持下共同努力开发了“气候风险与适应的框架和分类”（CRAFT），以指导城市规划适应行动并建立报告标准。该框架和分类可以为城市行政人员提供相关经验，帮助其确定为应对风险而需要采取的行动，从而加强其气候适应工作。在未来的几年里，相关数据将会更加完整，进而可以更深入地分析城市面临的挑战及所应采取的应对措施。[③]

（三）责任分配与能力建设的并重

国家是全球气候治理中最重要的行为体和最大的责任方。为了实现全球气候治理的科学目标，国家间气候变化外交谈判的核心议题一向就是各国如何承担应对气候变化的责任。《京都议定书》“自上而下”地为发达国家规定了 2008 ~ 2020 年温室气体排放控制的规则体系，这是国际社会从科学评估结论出发，意图量化、可预期地

① Milja Heikkinen et al. , “Transnational Municipal Networks and Climate Change Adaptation: A Study of 377 Cities”, *Journal of Cleaner Production*, Vol. 257, No. 120474, 2020, p. 1.

② ICLEI：《生生不息的城市：韧性城市的演进与发展》，第 4 页，https://eastasia.iclei.org/wp-content/uploads/2022/04/Resilient-Cities-Thriving-Cities_The-Evolution-of-Urban-Resilience_CH.pdf。

③ “Climate Action in Megacities 3.0”, C40 Official Website, p. 36, https://www.c40.org/researches/unlocking-climate-action-in-megacities.

实现 UNFCCC 最终目标的一次尝试，但实施结果并不理想。① 与此同时，尽管能力建设在应对气候变化行动中具有重要意义，但是其在最初的 UNFCCC 谈判中并不是单独的议题。相较于其他议题，能力建设议题的谈判进展也一直比较缓慢。2011 年在第 17 届联合国气候变化大会（德班）上，发达国家同意建立德班论坛。该论坛主要用于涉及能力建设的主题交流，但不能在公约框架内部和外部起到协调和增强能力建设的作用。②

长期以来的全球气候治理实践证明，国际气候条约体系中对减排责任的分配会触及国家利益、发展权利等一系列复杂和敏感问题，从而导致僵局的出现。③ 究其原因，一方面这是由于治理议题很少是孤立存在的，议题之间往往存在着相互联系。国际气候协定对国家施加的外在制约因素可能会影响国家内部节能减排和促进经济发展之间的协同效应。这是国家对国际气候协定持消极态度的重要原因之一。2001 年美国宣布拒绝批准《京都议定书》，其首要理由就是过度的环境保护可能会抑制经济增长，让 500 万美国人丢掉饭碗。④ 而退出《巴黎协定》据称可以为实现美国长期维持的 3% 的经济增长率扫清障碍。⑤

另一方面，国际气候条约体系中基于责任分配的治理方式还可能引发国际战略竞争。相比发达国家，发展中国家在国际气候治理中往往可能会付出更高的代价。国际气候治理的一大特质是要求各

① 薄燕、高翔：《中国与全球气候治理机制的变迁》，上海人民出版社，2017，第 4 页。

② 张永香、黄磊、袁佳双：《联合国气候变化框架公约下发展中国家的能力建设谈判回顾》，《气候变化研究进展》2017 年第 3 期，第 292 ~ 293 页；张永香：《巴黎能力建设委员会助力全球气候治理》，《气候变化研究进展》2021 年第 3 期，第 374 页。

③ 辛章平、张银太：《低碳经济与低碳城市》，《城市发展研究》2008 年第 4 期，第 99 页。

④ 宗计川：《低碳战略：世界与中国》，科学出版社，2013，第 16 ~ 17 页。

⑤ 尼古拉斯·洛里斯：《特朗普退出〈巴黎协定〉正确的四大原因》，中国社会科学院和平发展研究所网站，https://www.baidu.com/link? url = mlpCI3lu9Vg9q_6e-nvLSA2voIeEzCCI-_EAmHQVOwvAv8_RDDEDDbrC8DurRQmhz01BK9N2hMu3KzpJJv6V4a&wd = &eqid = ea5148df0028dc8b000000035ee5cf89。

国从原有高污染高排放的经济生产方式向绿色环保的经济生产方式转型。但是对发展中国家而言，在技术条件不成熟的情况下强制减少温室气体排放，会因为压缩化石能源的使用而严重阻碍经济发展，甚至对其政治体制等造成阵痛性影响。反观世界上主要发达国家对节能减排与经济发展关系的处理，都无一例外地实现了二者的同步发展。这种客观存在的差异使得国际气候治理很容易沦为发达国家制约发展中国家的重要手段。[①]

长期以来，对“共同但有区别的责任”原则的解读一直是全球气候治理中南北冲突的焦点。虽然“共同但有区别的责任”原则具有无可争议的正当性和合理性，但是该原则在具体应用于国际政治的情境时，却因为发展中国家在全球气候治理中实际上获得了“免责”优待，而遭到一些发达国家的不满和抵制。[②] 1997年《京都议定书》签署后，发达国家一直大力推动发展中国家承担温室气体减排义务。发展中国家则强调经济发展和消除贫困是它们的首要任务，气候变化问题只能在可持续发展的框架内加以解决，发达国家有义务在资金、技术和能力建设方面支持发展中国家应对气候变化的行动。这种对立一直是气候变化谈判的主调。[③] 而资金支持和技术转让的承诺在国际气候条约体系中也一直难以得到履行。发达国家承诺到2020年为发展中国家筹集1000亿美元，结果到现在也没有兑现。[④] 基于责任分配的国际气候条约体系在谈判中是非常耗时的。在国际协定的

---

① 康晓、许丹：《绝对收益与相对收益视角下的气候变化全球治理》，《外交评论》2011年第1期，第103页；张丽华、韩德睿：《城市介入全球气候治理的内外动因分析——全球城市的视角》，《社会科学战线》2019年第7期，第210页；吕红星：《节能减排：新常态下经济发展新动能》，《中国经济时报》网站，http://jjsb.cet.com.cn/show_321703.html。

② 于宏源、余博闻：《低碳经济背景下的全球气候治理新趋势》，《国际问题研究》2016年第5期，第51页。

③ 高风：《巴厘路线图：开启应对气候变化全球行动时代》，中外对话网站，https://chinadialogue.net/zh/3/38188/。

④ 乔斯林·廷珀利：《“动态”的〈巴黎协定〉是否足以应对气候变化?》，中外对话网站，https://chinadialogue.net/zh/3/69306。

谈判和实施陷入僵局的情况下，如果仅仅等待而无所作为，就会减少我们及时采取实质性拯救方案以防止重大灾难发生的机会。

《巴黎协定》在对“共同但有区别的责任”的具体应用时发生了一些新的变化，具体表现为在减排这一核心问题上不再区分发达国家和发展中国家，但是仍然坚持发达国家对发展中国家的资金援助。因此，发达国家能否兑现其承诺的资金、技术和能力建设援助成了体现“共同但有区别的责任”的关键。如此一来，《巴黎协定》所奉行的原则实际上越来越倾向于以曾经与“共同但有区别的责任”并列但被边缘化的“各自能力”原则为指导，考虑各个国家的治理能力并帮助提升发展中国家的治理能力而不是所谓公平地分担责任成了《巴黎协定》的谈判基础。[①] 同时，能力建设议题在《巴黎协定》中首次实现了国际机制层面上的突破性进展。第 21 届联合国气候变化大会（巴黎）通过的 COP 21 决议里授权公约附属履行机构（SBI）建立巴黎能力建设委员会（PCCB），全面协调对发展中国家能力建设的支持。PCCB 还于 2020 年初组织发起了 PCCB 网络，旨在帮助更多利益攸关方建立伙伴关系。[②]

全球气候治理本质上并不是一个减排的责任问题，而是一个关于如何使国民经济发展方式转向低碳化甚至无碳化的能力问题。[③]《巴黎协定》通过将全球气候治理的理念具体化为低碳绿色发展，使全球气候治理回归本质，传递出“全球将实现绿色低碳、气候适应型和可持续发展的积极而强有力信号”。[④] 更重要的是，《巴黎协定》

① 何晶晶：《从〈京都议定书〉到〈巴黎协定〉：开启新的气候变化治理时代》，《国际法研究》2016 年第 3 期，第 84 页。

② 张永香：《巴黎能力建设委员会助力全球气候治理》，《气候变化研究进展》2021 年第 3 期，第 374 ~ 376 页。

③ 于宏源、余博闻：《低碳经济背景下的全球气候治理新趋势》，《国际问题研究》2016 年第 5 期，第 50 ~ 51 页。

④ 石敏俊、林思佳：《推动经济社会发展全面绿色低碳转型》，光明网，https://theory.gmw.cn/2020-11/27/content_34407789.htm；《〈巴黎协定〉五大重点值得关注》，新华网，https://www.chinanews.com.cn/m/gn/2015/12-14/7670653.shtml。

通过引入国家自主贡献机制大大缓解了国家积极参与全球气候治理的道义要求与各国国内平稳有序推动绿色发展之间的张力。未来对协定的落实和细化也将充分尊重各国的国情和能力，通过国际社会的合作让各国尽快步入低碳化进程，而不仅是限制大国排放。① 因此，对各国而言，应对气候变化是一种挑战，但也是可持续发展的一种机遇。通过落实《巴黎协定》，各国的可持续发展之路会越走越好。②

与温室气体减排相比，推动经济低碳化要求包括国家、地方、组织、个人等在内的政治经济体系的所有层次都进行系统性改革。推动这一系统性工程的必要条件是多元行为体（国家、地方政府、市场主体等）在多层次（国家层次、地区层次、跨国层次等）上采取多种行动（能力培养、观念传播、利益建构等）。《巴黎协定》事实上放弃了“京都模式”的顶层设计路径，它有助于鼓励多元行为体的积极性，从而有利于推动经济低碳化运动更快发展。这相比此前全球气候治理中的从根本上不利于动员推动经济低碳化力量的多边主义和国家中心主义偏好，无疑是一个巨大的进步。③因此，在《巴黎协定》的推动下和在多元行为体的参与下，各国的低碳发展有望加速。

跨国城市气候网络的治理实践创新有助于推动全球气候治理从以国家减排为重心向以经济低碳化为重心转变。④ 城市是低碳经济发展的重要平台。⑤ 对于国家而言，建设低碳城市往往是发展低碳经济

① 王田、李俊峰：《〈巴黎协定〉后的全球低碳“马拉松”进程》，《国际问题研究》2016 年第 1 期，第 120 页。

② 《〈巴黎协定〉五大重点值得关注》，新华网，https://www.chinanews.com.cn/m/gn/2015/12-14/7670653.shtml。

③ 于宏源、余博闻：《低碳经济背景下的全球气候治理新趋势》，《国际问题研究》2016 年第 5 期，第 50～52 页。

④ 于宏源、余博闻：《低碳经济背景下的全球气候治理新趋势》，《国际问题研究》2016 年第 5 期，第 48 页。

⑤ 李晖：《低碳城市与经济转型》，光明网，https://www.gmw.cn/01gmrb/2010-08/03/content_1200909.htm。

的重要抓手和战略切入点。从本质上看，跨国城市气候网络正是通过推动城市的低碳经济发展来进行全球气候治理的。不同于国际气候治理中发达国家和发展中国家围绕可持续发展原则展开争论的情形，跨国城市气候网络将气候治理放在了可持续发展的框架之内。在跨国城市气候网络的机制框架内，城市的气候行动是基于自身绿色发展的需要并允许成本利益计算的。这种治理方式以提升低碳化发展能力为导向，避免了减排责任分配带来的弊端，可以增进气候行动与可持续发展其他目标之间的协同效应，弱化了因各目标之间的取舍而带来的行动障碍。

《巴黎协定》的签署建立了“自上而下”与“自下而上”相平衡的国际气候治理模式，标志着国际气候治理策略的重要转变。[①] 气候变化是一个典型的兼具紧迫性和综合性的问题。此前，国际气候条约体系基于气候变化问题的紧迫性，以控制温度上升的气候治理既定目标为导向，侧重于在国家间进行责任分配的治理方式并强调气候治理机制的约束力；而跨国城市气候网络基于气候变化问题的综合性，兼顾气候治理与其他领域治理的协同效应，侧重于在尊重气候治理行为体的意愿与诉求的基础上来提升其治理能力。当前，这种“自上而下”和“自下而上”治理方式的结合既能动态灵活地照顾到各国不同的发展阶段和治理能力，又在致力于寻求在最大限度上缩小各国减排与最终目标之间的差距。因此，国家自主贡献作为《巴黎协定》中规定的核心治理机制，在赋予国家一定的自主性的同时，更需要国家治理能力的提升。

跨国城市气候网络作为跨国机制可以通过提升城市乃至国家的治理能力来弥补当前国际气候条约体系由于对责任分配的强调相对

---

① 王克、夏侯沁蕊：《〈巴黎协定〉》后全球气候谈判进展与展望》，《环境经济研究》2017 年第 4 期，第 144 页。

弱化和缺乏强制力所可能带来的弊端。[①] 跨国城市气候网络的作用在很大程度上正是通过促使城市成员提出和完成高于中央政府下达的治理任务而体现出来的。跨国城市气候网络自成立以来，就在国际气候条约体系承担全球气候治理最大责任的逻辑前提下，展开了基于自愿原则和能力建设的实验性治理，并且取得了令人瞩目的治理成果。跨国城市气候网络通过说服和激励城市采取气候行动，以及提升城市的气候治理意愿和能力的方式来推进全球气候治理。ICLEI设有多个可持续发展能力培训中心。这些能力培训中心的总部位于德国波恩，东亚地区的能力培训中心位于中国台湾高雄市。在跨国城市气候网络的机制作用下，城市在不同的程度上萌发了主体意识，推动了气候行动。

从全球层面上看，跨国城市气候网络是全球气候治理中重要的治理机制。但是从地方层面上看，跨国城市气候网络是内嵌于国家之中的，对于提升各国的自主贡献具有重要意义。《巴黎协定》签署之后，可以越来越明显地看到，国际气候条约体系和城市气候行动不是相互平行和界限分明的，而是彼此重叠和相互渗透的，它们各自实行的治理方式和取得的治理成果都影响着气候治理的最终成效。通过国际气候条约体系和跨国城市气候网络之间的合作，有助于在全球气候治理中将能力建设提升到和责任分配同等重要的地位上来。

在全球向低碳经济转型的趋势下和跨国城市气候网络强调能力建设的情况下，城市在气候治理中缺乏的不是政治意愿而是资金和技术。为此，跨国城市气候网络一方面致力于在城市间进行知识和技术的分享与传播；另一方面为城市气候行动争取政治空间和资金

---

① 2019年11月，联合国环境规划署发布年度的《排放差距报告》预计，即使《巴黎协定》承诺全部实现，全球气温仍有可能上升3.2℃；若要控制为1.5℃，2030年全球年排放量必须再减少320亿吨CO_2当量，即未来10年每年下降7.6%，这需要各国国家自主贡献提升至少5倍。参见张中祥、张钟毓《全球气候治理体系演进及新旧体系的特征差异比较研究》，《国外社会科学》2021年第5期，第146页。

支持。如今，全球性跨国城市气候网络的发展已经走过了近三十年，这种跨国治理机制的存在和发展有利于缓解发达国家不愿向发展中国家进行技术转让和资金支持的问题。此外，一旦国家因国际气候条约体系的约束机制和国内政治等原因发生了退出协定的行为，跨国城市气候网络可以发挥一定的缓冲作用，提振全球气候治理的信心。

第三节　联合国气候变化大会的开放性及其协调者角色

在全球治理中，联合国具有稳定性、权威性、综合性和自主性的特点，发挥着不可替代的作用。[①] 联合国的一个重要功能就是促进全球治理主体网络的建立和完善。[②] 2000 年罗西瑙就主张“以联合国及其相关制度为中心，拓宽多种国际机制与跨国合作政策的网络”。[③] 随着全球气候多中心治理的兴起，联合国气候变化大会也日益具有开放性，而当前协调不同治理主体之间的合作关系以达成协同增益总体治理效果的现实需要，也促使联合国气候变化大会承担了更新的使命。

一　联合国气候变化大会的开放性

联合国气候变化大会具有高度的开放性。联合国气候变化大会是国家间气候变化谈判的主要场所，主要任务是促进多边气候协议的通过和生效。但与此同时，联合国气候变化大会一直允许并鼓励非国家行为体的参与。在第 21 届联合国气候变化大会（巴黎）上，共有 36276 位参会者，其中约 36% 的参与者来自联合国秘书处等各

---

① 杨扬：《全球治理视角下联合国与非政府组织的关系》，《河南师范大学学报》（哲学社会科学版）2008 年第 1 期，第 74 页。

② 孔凡伟：《全球治理中的联合国》，《新视野》2007 年第 4 期，第 94 页。

③ 刘小林：《全球治理理论的价值观研究》，《世界经济与政治论坛》2007 年第 3 期，第 108 页。

类国际组织、非政府组织、专门机构及相关组织，它们通过发布报告、公众传播、交流经验、维护权利等方式，代表不同利益攸关方的个体积极发声，促进《巴黎协定》的合理性与平衡性。[①] 在第21届联合国气候变化大会（巴黎）上，各缔约方不仅达成了历史性的《巴黎协定》，同时，在大会召开之前和会议期间，城市、企业和市民等各类行为体开展了声势浩大的气候行动，这也成了此次会议的重要标志。[②] 就城市而言，巴黎会场设有城市和地区展会区（Cities and Regions Pavilion）和巴黎城市馆（Paris City Hall），城市领导人气候峰会（Climate Summit for Local Leaders）也如期举行。[③] 多元行为体更大规模和更高程度的参与，不仅有助于催化和创造气候治理的崭新实践形式，而且能够提高全球气候治理机制的合法性和有效性。[④]

城市之所以能够成为联合国气候变化大会中的重要参与者，与跨国城市气候网络为此而进行的积极努力密不可分。2007年，在印度尼西亚巴厘岛举行的第13届联合国气候变化大会上通过了"巴厘岛路线图"。由于其并未将地方政府包含在内，为填补这一空缺，ICLEI随即发起了"地方政府路线图"，其任务是促进地方政府在全球气候治理中获得认同、扩大其参与并增强其行动力。经过8年的努力，至2015年，地方政府路线图基本达成了目标：地方政府在联合国气候变化大会上得到了承认，通过德班平台城市环境技术审查进程（Technical Examination Process on Urban Environment）和"城市

---

① 王克、夏侯沁蕊：《〈巴黎协定〉》后全球气候谈判进展与展望》，《环境经济研究》2017年第4期，第147页。

② 《巴黎行动承诺 全球企业、投资机构、城市和地区承诺达到或超越巴黎气候变化协定的雄心水平》，世界资源研究所网站，https://54.251.116.206/about-wri/news/all? page=11。

③ 李莉娜、杨富强：《六年后气候问题重回全球政治议程高峰，中国表现令人期待》，北京绿研公益发展中心网站，https://www.ghub.org/wp-content/uploads/2015/11/GHUB-observation-of-and-expectation-for-COP21_11291.pdf。

④ 薄燕、高翔：《中国与全球气候治理机制的变迁》，上海人民出版社，2017，第88页、第91页。

之友”（Friends of Cities）等参与到全球气候治理之中，并在新的融资项目的支持下增强了行动力。①

自跨国城市气候网络成立以来，其在全球气候治理舞台上的认同度与合法性不断增强。ICLEI 自 1995 年以来一直在联合国气候变化大会上代表地方政府，并于 2009 年成为政府间气候变化专门委员会首个代表地方政府的观察员组织。ICLEI 主张将地方政府纳入全球气候谈判，经过其长达 15 年的游说，在 2010 年第 16 届联合国气候变化大会（坎昆）上，地方政府被正式承认为政府性利益攸关方。②2014 年 C40 前主席布隆伯格被任命为联合国城市与气候变化问题特使。同年联合国秘书长潘基文与布隆伯格共同发起成立了全球市长协定。此外，C40 还与一些国际组织如世界银行和经济合作与发展组织建立了战略合作伙伴关系并得到这些组织的支持。第 21 届联合国气候变化大会（巴黎）期间，时任联合国秘书长潘基文宣布，在未来的全球气候谈判中将更加重视城市的角色。③

此外，联合国人居署作为联合国首个专门应对城市化问题的机构，也积极参与到联合国气候变化大会当中，支持和促进城市在全球气候治理中发挥作用。在第 21 届联合国气候变化大会（巴黎）上，联合国人居署举办了“一个联合国的城市和气候变化解决方案：新气候协议和新城市议程”会议。会议汇聚了各城市、学术界、私营部门、各国政府、联合国系统的代表，讨论了城市应对气候变化的不同挑战、机遇和解决方案，在最新的《巴黎协定》和《新城市

---

① “A Brief History of Local Government Climate Advocacy: the Local Government Climate Roadmap - Mission [almost] Accomplished”, ICLEI Briefing Sheet - Climate Series, No. 1, p. 1, https://www.global - taskforce.org/sites/default/files/2017 - 06/01_ - _Briefing_Sheet_Climate_Series_ - _LGCR_2015.pdf.

② Timothy Cadman, ed., *Climate Change and Global Policy Regimes: Towards Institutional Legitimacy*, London: Palgrave Macmillan, 2013, pp. 220 - 221.

③ Nicola Tollin, “The Role of Cities and Local Authorities Following COP 21 and the Paris Agreement”, *Sustainable*, Vol. 16, No. 1, 2015, p. 46.

议程》之间缔结了坚固的联系。[①] 联合国人居署执行主任霍安·克洛斯（Joan Clos）博士指出，“如果我们现在不减少排放，那么日后承担这一风险的代价会比目前高出很多。不管怎样，我们需要改善城市设计，保护城市免受气候变化的影响，并向城市提供技术援助”。另一位联合国人居署官员弗雷德里克·萨利兹（Frederic Saliez）强调，紧凑的城市形态将有效遏制城市蔓延，减少能源消耗和发展低碳经济。[②] 联合国人居署还在第21届联合国气候变化大会（巴黎）上发布了《城市适应气候变化行动方案指导原则》，旨在促进城市实施具体的、综合的和可行的气候变化应对行动方案。[③]

由此可见，联合国气候变化大会可以为城市有效地参与全球气候治理以及跨国城市气候网络与国际气候条约体系展开对话与合作提供有益的平台、营造积极的氛围。如表5－1所示，虽然跨国城市气候网络与国际气候条约体系从表面上看是平行发展的，但是从本质上看两者相互之间一直存在着松散的和有意无意的联动关系。

表5－1　国际气候条约体系与跨国城市气候网络的互动关系走向

国际气候条约体系	跨国城市气候网络	两者之间的关系与互动
1992年联合国环境与发展会议通过《联合国气候变化框架公约》（1994年生效）	ICLEI在1990年联合国召开的地方政府可持续未来世界大会上发起成立。ICLEI'CCP诞生于1993年在纽约举办的第一届城市领导人气候峰会	跨国城市气候网络一开始就诞生于联合国框架之中

① 《在第21届联合国气候变化大会上联合国人居署举办“一个联合国的城市和气候变化解决方案”会议》，联合国人居署网站，https://unhabitat.org/cn/node/114522。

② 《第21届联合国气候变化大会聚焦城市》，联合国人居署网站，https://unhabitat.org/cn/node/114488。

③ 《联合国人居署在巴黎召开的第21届联合国气候变化大会上发布〈城市适应气候变化行动方案指导原则〉》，联合国人居署网站，https://unhabitat.org/cn/lianheguorenjushuzaibalizhaokaidedi21jielianheguoqihoubianhuadahuishangfabuchengshishiyingqihoubian。

续表

国际气候条约体系	跨国城市气候网络	两者之间的关系与互动
1997 年第 3 届联合国气候变化大会（东京）通过《京都议定书》(2005 年生效)	C40 以 2005 年八国集团苏格兰格伦伊格尔斯峰会为契机建立，并以“国家谈判，城市行动”为宣传策略	在“京都时代”，鉴于国家间谈判所耗费的漫长时间，C40 意在展示出其独立行动的能力与效率
2015 年第 21 届联合国气候变化大会（巴黎）通过《巴黎协定》(2016 年生效)	GCoM 于 2017 年由 UNFCCC 秘书处城市与气候变化问题特使布隆伯格和欧盟副主席谢夫乔维奇主持正式启动。其前身全球市长协定（The Compact of Mayors）由时任联合国秘书长潘基文与布隆伯格特使于 2014 年联合国气候变化大会上共同发起成立	《巴黎协定》签订后，国际气候条约体系与跨国城市气候网络呈现出相互整合的新趋向

资料来源：作者自制。

二　联合国气候变化大会的协调者角色

联合国气候变化大会对全球气候治理机制的发展和变迁起到了重要的推动作用。当前，多中心的气候治理机制正在形成，联合国气候变化大会为各国政府和非国家观察员提供了一个聚集的场所和讨论的平台。谈判代表主要作为各自政府的代表出席会议，同时许多城市、企业和非政府组织等的代表也利用这些会议来了解气候变化，结成网络和建立联系。联合国气候变化大会在多中心气候治理中发挥的作用，不仅体现在达成国际条约文本这种可见的成果上，还在于其所营造的社会关系和会议文化为这些文本赋予了意义，并最终塑造了针对气候变化的治理形态。这一认识对 2015 年《巴黎协定》签署后的治理进程具有重要意义。在今后，我们可以期望看到国家和非国家行为体之间在气候治理的合作中建立更为密切的联系。①

① Eva Lövbranda et al.，“Making Climate Governance Global：How UN Climate Summitry Comes to Matter in a Complex Climate Regime”，*Environmental Politics*，Vol. 26，No. 4，2017，pp. 589 – 595.

2014 年第 20 届联合国气候变化大会（利马）为将非国家行为体的气候行动纳入核心治理机制做了必要的准备工作。该次会议首次邀请企业等非国家行为体参与谈判，推动了《利马—巴黎行动议程》（LPAA）的达成，力求在世界各层次、各部门和各地区扩大现在和长期的气候行动。基于此，UNFCCC 秘书处建立了非国家行为体气候行动区域平台（NAZCA），目的是让人们了解城市、地区、公司和投资者正在做出的气候承诺。① NAZCA 涵盖了所有类型的非缔约方利益攸关方，为《利马—巴黎行动议程》至第 21 届联合国气候变化大会（巴黎）及以后的倡议提供了一个中心资源库。通过碳信息披露项目 CDP、气候组织（the Climate Group）、联合国全球契约（the UN Global Compact）等第三方核心数据合作伙伴所提供的支持，NAZCA 可以作为一个进入现有报告平台的入口。②

2015 年第 21 届联合国气候变化大会（巴黎）的成功召开标志着联合国气候变化大会开始承担起协调者的角色。第 21 届联合国气候变化大会（巴黎）通过的 COP 21 决议正式提出欢迎所有非缔约方利益攸关方，包括民间社会、私营部门、金融机构、城市和其他次国家级主管部门努力处理和应对气候变化。③ 决议赞赏《利马—巴黎行动议程》取得的成果；欢迎非缔约方利益攸关方努力推进气候行动，并鼓励在 NAZCA 上登记这些行动；决定任命两名气候行动高级别倡导者，代表 UNFCCC 缔约方会议主席行事，通过在 2016 ~ 2020 年强化高级别参与，为成功落实当前工作及扩大和启动新的努

---

① 李昕蕾：《美国非国家行为体参与全球气候治理的多维影响力分析》，《太平洋学报》2019 年第 6 期，第 84 页。

② Giorgia Rambelli, Lena Donat, "Gilbert Ahamer and Klaus Radunsky: An Overview of Regions and Cities With - in the Global Climate Change Process - a Perspective for the Future", European Committee of the Regions, pp. 13 - 14, https://cor. europa. eu/en/engage/studies/Documents/overview - LRA - global - climate - change - process. pdf.

③ UNFCCC, "Report of the Conference of the Parties on Its Twenty - first Session, Held in Paris from 30 November to 13 December 2015", https://unfccc. int/resource/docs/2015/cop21/eng/10a01. pdf.

力或强化自愿努力、倡议和联盟提供便利，包括通过与相关缔约方和非缔约方利益攸关方协作，推动《利马—巴黎行动议程》的落实。此外，决议还提出在关于减缓气候变化的现有技术审查进程中酌情与有关非缔约方利益攸关方合作，分享其经验和建议。[①]

此后，2016 年第 22 届联合国气候变化大会（马拉喀什）制定的全球气候行动伙伴关系框架（Marrakech Partnership for Global Climate Action）和 2017 年第 23 届联合国气候变化大会（波恩）确立的塔拉诺阿对话机制均旨在促进缔约方和非缔约方利益攸关方深入合作以落实《巴黎协定》。塔拉诺阿对话原为促进性对话（Facilitative Dialogue），旨在于 2018 年对各国行动的总体进展进行评估，并利用评估结果判断如何在 2020 年提升国家自主贡献。在非正式谈判会上，塔拉诺阿对话为各国政府和其他利益攸关方提供了一个相互学习和激励的机会。[②] 在 2018 年波恩谈判会议举行期间，塔拉诺阿对话三个主题讨论分为 6 个小组平行举行，每个小组包括 30 名缔约方代表和 5 名非缔约方代表，非国家行为体由此得以更多参与到议题设定和政策制定的过程中来。[③] 塔拉诺阿对话是 2018 年全球气候治理进程中的亮点，各方甚至将其称为《巴黎协定》下“全球盘点”机制的“演习”，其模式、参与范围以及政策结论都会对后续进程产生影响。[④] 2018 年第 24 届联合国气候变化大会（卡托维兹）对非缔约方利益攸关方参与全球盘点做出了规定。各缔约

① UNFCCC, “Report of the Conference of the Parties on Its Twenty - first Session, Held in Paris from 30 November to 13 December 2015”, https://unfccc. int/resource/docs/2015/cop21/eng/10a01. pdf.

② 白莉莉、姚喆：《2018 年，气候谈判有什么特别之处?》，中外对话网站，https://chinadialogue. net/zh/3/43951/。

③ 李昕蕾：《美国非国家行为体参与全球气候治理的多维影响力分析》，《太平洋学报》2019 年第 6 期，第 85 页。

④ 柴麒敏、祁悦：《应对气候变化“塔拉诺阿对话”中国方案的若干思考与建议》，载谢伏瞻、刘雅鸣主编《应对气候变化报告（2018）：聚首卡托维兹》，社会科学文献出版社，2018，第 57 ~65 页。

方明确指出需要非缔约方利益攸关方公平有效地参与到全球盘点机制中来，并应对其参与提供支持。非缔约方利益攸关方及已注册的UNFCCC观察员机构提交的内容也应被纳入全球盘点进程之中。[①]

以上这些机制都为作为非缔约方利益攸关方的城市和跨国城市气候网络参与全球气候治理提供了参与途径和制度保障。与此同时，IPCC对城市的重视不断增强。2016年在内罗毕举行的第43次IPCC会议上，IPCC认可了城市在应对气候变化问题上的重要性和关键性，并提议在第七次评估报告中增加“气候变化及城市”的特别报告。为了促进关于“城市与气候变化”的知识交流、实证调研及同行评审，2016年在曼谷举行的第44次IPCC会议上通过了“联合举办城市与气候变化科学大会”的提案。该会议由世界城市和地方政府联合组织、ICLEI、C40、城市联盟、联合国人居署和联合国环境署等机构协办。

2018年3月5日至7日，全球气候变化与城市科学大会在加拿大埃德蒙顿如期顺利举行。会议以“在科学、实践与政策的基础上发展城市新科学知识”为主题，旨在激发侧重于城市和气候变化科学的新前沿研究。会议致力于通过评估城市和气候变化领域的学术研究，来识别当下政策、学术和实践三大主线之间存在的主要断层，并建立一个全球研究议程，以此激励和指导后续的研究发展和知识生产。[②] 会议的成果文件是《城市与气候变化——全球研究与行动议程》。本次会议标志着IPCC对城市在应对气候变化中关键作用的

① 《COP 24气候大会第二周观察》，北京绿研公益发展中心网站，https://www.ghub.org/%E6%B3%A2%E5%85%B0-%C2%B7-%E5%8D%A1%E6%89%98%E7%BB%B4%E5%85%B9-cop24%E6%B0%94%E5%80%99%E5%A4%A7%E4%BC%9A%E8%A7%82%E5%AF%9F/。

② 《城市与气候变化科学大会：征集建议书》，联合国人居署网站，https://unhabitat.org/cn/node/122838。

首次确认，因此对于城市而言具有十分重要的意义。①

城市对于参与全球治理机制提出了自身的诉求，包括：希望缔约方在谈判过程中加强与地方政府之间的对话，以达成更具雄心和包容性的气候治理框架；寻求缔约方对地方政府在气候治理中的作用和影响给予明确的认同和说明；希望为地方政府提供资源以支持其达成和超越自身的气候目标；通过授权相关国家责任机构，使地方政府参与到国家自主贡献、国家适当减缓气候变化的行动、低排放发展战略和国家适应计划等的编制和实施工作中去；推进基于多层次治理原则的全球气候治理新模式，建立适当的法律框架以促进地方行动，这些框架无论是在国家层面还是在超国家层面都应该能够促进“自下而上”的行动；为地方政府提供更好的气候融资机会，促进主要的全球气候基金，如绿色气候基金和适应基金等对地方政府直接开放；鉴于跨国城市气候网络倡导的一致和透明的报告，地方政府可以展示地方气候行动的集体影响，并获得更多的资金支持。为此有必要给予跨国城市气候网络倡议以更多的重视和支持，以适当的方式延续和加快这些举措。②

未来可以期待的是，国际气候条约体系和跨国气候行动之间的协调机制将日益完善和细化。而了解不同的跨国气候行动与国际气候条约体系之间所具有的互补性将为此提供必要的知识准备和政策指引。有效性就是把运行于同一问题领域、“自上而下”和“自下

① 《城市与气候变化——全球研究与行动议程》，IPCC 网站，https://www.ipcc.ch/site/assets/uploads/2019/07/%E4%B8%AD%E6%96%87%E7%89%88 - %EF%BC%88%E8%8D%89%E7%A8%BF1_Research - and - Action - Agenda - in - Chinese.pdf；“Cities IPCC Conference：A Break through for Local and Regional Governments in the Fight against Climate Change”，Untied Cities and Local Governments，https://www.uclg.org/en/media/news/cities - ipcc - conference - break - through - local - and - regional - governments - fight - against - climate。

② Giorgia Rambelli et al.，“An Overview of Regions and Cities With - in the Global Climate Change Process - A perspective for the Future”，European Committee of the Regions，pp. 27 - 28，https://cor.europa.eu/en/engage/studies/Documents/overview - LRA - global - climate - change - process.pdf.

而上”两种安排之间的关系理顺。[①] 对于跨国城市气候网络而言，未来处于核心地位的国际气候条约体系应在尊重其自主性和灵活性的基础上，充分认识到其为全球气候治理所带来的多方面机遇，据此建立和完善对其进行积极引导和政策支持的正确方式，推动跨国城市气候网络参与全球气候治理的合法化、机制化、常态化，将两者之间的协同作用最大限度地发挥出来。

本章小结

跨国城市气候网络在全球地方主义治理中拥有良好的发展机遇和前景。本章从多中心气候治理的发展趋势和治理机制之间的互补性、国际气候条约体系的趋势性转型对合作空间的拓展、联合国气候变化大会的开放性及其所能发挥的协调作用三个方面对地方机制和全球机制之间的关系进行了解释。

第一，多中心气候治理的发展趋势是不可逆转的，民间社会、企业、金融机构、城市等非国家行为体在全球气候治理中正发挥着越来越重要的作用，虽然国际气候条约体系将一直扮演核心角色并占据主导地位，但是国家行为体和非国家行为体之间互动合作的日益增多正在成为变革传统气候治理方式的重要因素，国际机制和跨国机制之间的互补性也逐渐成为气候治理中的共识并受到重视。

第二，国家气候条约体系作为全球气候治理中的核心机制已经从专注“自上而下”的制度设计转变为侧重依靠“自下而上”的国际自主贡献机制，这为跨国城市气候网络与国际气候条约体系之间的深入密切合作开辟了广阔的空间。《巴黎协定》签署后，对于跨国城市气候网络而言，能够利用自身在国内治理、气候适应和能力建设方面所具有的优势，从治理层面、治理内容和治理方式三个方面

① 俞可平主编《全球化：全球治理》，社会科学文献出版社，2003，第91页。

助益该协定的实施。这说明了全球机制与地方机制进行积极合作的必要性，同时为全球地方主义治理和跨国城市气候的发展提供了难得的机遇。

第三，联合国气候变化大会随着时代的发展而不断完善职能。联合国气候变化大会向来具有开放性，为各种不同行为体搭建了对话与交流的平台。国家自主贡献机制确立之后，非国家行为体被寄予了更高的期望，在全球气候治理中的重要性也随之上升。联合国气候变化大会也开始承担起协调者的角色，这为国际气候条约体系和跨国城市气候网络之间互动合作关系的合法化、机制化和常态化发展提供了必要的政策保障。同时，联合国层面的支持对于跨国城市气候网络的自身发展及其在全球气候治理中发挥系统性作用也是不可或缺的。综上所述，有理由认为全球机制和地方机制之间的联系和互动将越来越密切和深化，跨国城市气候网络在全球地方主义治理中的作用也能够愈益充分地发挥出来。

结 语

一　主要发现和研究价值

全球地方主义为探索国际气候条约体系和跨国城市气候网络之间的合作提出了一种规范性的构想。这为观察、分析和评价跨国城市气候网络提供了一个新的思路。跨国城市气候网络的日益发展成熟为其成为全球气候治理混合机制复合体的构成部分奠定了基础。不同的治理机制之间本就是取长补短的，全能和完美的治理机制并不存在，尝试探索与其他治理机制的联合之道可能是当前推动跨国城市气候网络向前发展的更好方式，而这也更加符合当今气候治理混合机制复合体发展的未来趋势。更何况，跨国城市气候网络所面临的固有局限已经可以看作与其所具有的优势相互依存的同一事物的正反面。跨国城市气候网络的发展历程表明，其自身的发展完善是在实践中逐步探索的，是需要根据时代的发展和环境的变化而不断地调适的，是需要一个长期的过程而非一蹴而就的。同时，跨国城市气候网络本身整体的发展也依赖于不同类型跨国城市气候网络的不断建立、更新及其相互之间的互补与合作。因此，本书的重点并未放在寻求突破跨国城市气候网络的自身固有局限的方式上，而是在于挖掘其治理优势和潜在能效。

在全球地方主义的框架下，本书的研究发现跨国城市气候网络作为地方机制在推动多层次治理、开展适应性治理和促进参与式治理方面起到了重要的作用，而这可以很好地弥补全球气候治理因过度聚焦全球机制而导致的在难以跨越国家边界的限制、无法深入国家内部和无法直接联合公众力量方面所存在的不足。基于在全球地方化认知下地方在全球化世界中本体地位的回归，以及全球公共事务所具有的全球地方性，城市及由其构成的跨国城市网络在全球治理中占有的重要地位得以明确。因此，通过与国际气候条约体系的合作，跨国城市气候网络能够对气候变化问题以多层次性、综合性和人文性为具体表现的全球地方性给予必不可少的回应，从而促进全球气候治理朝着全球地方主义治理的方向发展完善。

在全球气候治理中，跨国城市气候网络的发展并不是孤立的。气候治理的混合机制复合体是一个治理体系，制度之间会发生持续的互动，继而影响着彼此的策略选择、目标定位和治理成效。全球地方主义是倡导通过全球机制和地方机制之间的有效协作来治理全球公共事务的理念及实践。因此，在全球地方主义治理的视角下，跨国城市气候网络的未来发展在很大程度上取决于国际气候条约体系和跨国城市气候网络的合作基础、潜力和条件。鉴于国际气候条约体系拥有最高的权威，在两者之间的合作中占据主导地位，因此能够更多地左右两者之间合作的方式和走向。通过对国际气候条约体系转型的具体考察，笔者认为两者之间在治理理念上的相容度越来越高，在治理层面、治理内容和治理方式上的合作空间也越来越大。而全球地方主义也无疑为国际气候条约体系和跨国城市气候网络今后的战略和政策选择以及两者之间从无意识的互动到有目标的联合提供了一定的参考和启示。与此同时，联合国气候变化大会为跨国城市气候网络提供了参与全球气候治理的制度化渠道。综上所述，可以期待未来国际气候条约体系与跨国城市气候网络之间的合作将日益密切和深化，跨国城市气候网络也将有机会在全球地方主义的指导下进一步发挥出其治理特色和优势。

在全球治理的众多议题领域中，城市在全球气候治理中的作用最为突出。而跨国城市网络是城市参与全球治理的主要途径。在不同类型的跨国城市网络中，跨国城市气候网络的发展也最为完善。因此，本书对于跨国城市气候网络的研究可以为其他议题领域内的跨国城市网络的发展提供一定的启示。由于气候变化问题的全球地方性十分明显、跨国城市气候网络的发展正不断走向成熟，以及国际气候条约体系和跨国城市气候网络之间开展合作拥有良好的基础、条件和机遇，气候治理领域的全球地方主义治理具备了从理论走入现实的可能性和可行性。鉴于气候变化问题本身的复杂性和紧迫性，针对该议题的全球地方主义治理的研究和探索对于推进全球治理的理论研究和现实进展也可能会起到有益的作用。

二 对全球治理研究的思考

全球治理研究应是基于治理问题而非治理主体的研究。全球治理兴起的最主要原因之一是全球化及其所诱发的全球性问题。[①] 对全球治理的研究起源于国际关系学。国际关系学为研究全球治理做了大量的工作。但是国际关系学研究全球治理一直存在一个显著的弊端就是国家中心论。但全球治理却是全球问题的各相关者（包括全球问题的制造者）为了控制、缓解、（甚至）解决面对的全球问题而进行的全球协同。[②] 因此，全球问题应该是全球治理研究的出发点和落脚点。虽然无论是国际关系学科还是全球治理研究已经将越来越多的行为体纳入到学科视域中来，并且对非政府组织、全球市民社会等行为体在全球治理中的作用展开了分析论述，但是却无法真正地推进全球治理研究的进展。其中一个重要原因就是全球治理延续了国际关系学基于治理行为体（尤其是国家）的研究，而未能形成基于治理问题的研究思路。在这样一种思维惯性下，不论全球治

① 陈家刚：《全球治理：发展脉络与基本逻辑》，《国外理论动态》2017 年第 1 期，第 78 页。

② 庞中英：《全球治理研究的未来：比较和反思》，《学术月刊》2020 年第 12 期，第 57 页。

理中的行为体如何多种多样，国家无疑现在是，并且在可预见的未来中也将仍然是全球治理最主要的行为体，最后还是不可避免地回到了国家中心论的原始起点。在全球治理研究中，尤其是当全球治理陷入停滞或者是发生倒退之时，应该不断追问和反思的首先应该是“治理问题（也即治理对象）究竟需要什么样的治理”，继而才是“治理行为体如何能够推动治理的进展”，唯此才能为探索非国家行为体如何在全球治理中发挥不同功能提供前提和条件，同时免于对不同行为体治理能力的大小做出简单的比较，并继而为探索全球问题相关者之间的协同打开方便之门。

全球治理研究应更多地关注治理过程而不仅仅是治理结果。全球治理委员会的报告将全球治理理解为一个过程，该报告指出：“治理是各种或公或私的个人和机构经营管理相同事务的诸多方式的总和。它是使相互冲突的或不同的利益得以调和并采取联合行动的持续的过程。它既包括有权使人们服从的正式机构和机制，也包括个人和机构同意或认为符合其利益的非正式安排。”[①] 全球治理委员会从互动过程角度界定的全球治理，涵盖众多行动体的共同参与，以及各种非制度性的协调行动，更加注重各行为体间的利益协调和合作达成的过程。[②] 全球化是不可逆转的。全球问题的产生是累积性的，同时也是持续的变化和充满不确定性的。因此，全球问题的解决也需要一个长期的过程，并在过程中不断更新认识并调整方法。全球治理没有完成时，只有进行时。因此，全球治理应该更多地以过程为导向，而不是以结果为导向。在全球治理的过程中，不仅包含行为体之间基于治理结果的合作，更包括治理机制之间基于治理方式的协调。全球治理可以被看作世界上所有基于规则的协

① Commission on Global Governance, “Our Global Neighborhood”, http://www.gdrc.org/u-gov/global-neighbourhood/.

② 赵可金：《全球治理知识体系的危机与重建》，《社会科学战线》2021年第12期，第177页。

调的总和。[①] 全球性规则是全球治理的权威来源。[②] 着眼于静态的治理结果会导致在对治理行为体进行作用评估时采取单一标准，而注重动态的治理过程才可能发现治理机制所采取的不同治理方式以及相互之间存在的持续互动。想要推动全球治理的革新与进化，依靠的不是不同治理行为体就治理结果进行物理叠加，而是在治理过程中不同治理机制互动所产生的化学反应。当前，机制协调已经成为全球治理研究中的一项重要议题。在打破国家中心论的基础之上，全球治理研究的重点应该从国家间关系向“机制间关系”转移。

全球治理中的政府行为体仍然具有不可替代的作用。在全球治理的研究中，很多人对“没有政府的治理”存在着一定的理解偏差。“没有政府的治理”实际上是指“没有政府统治的治理”，强调的是在全球治理中没有一个世界政府，即不像国内治理那般拥有一个单一的权力中心及其所具备的强制性力量来实施统治，而不是说全球治理中不需要各国中央政府、地方政府和公共部门的参与。相反，公共部门构成了全球气候治理中最重要的、数量最多的行为体。[③] 市场主体和民众的气候行动，在很大程度上仍源于政府权威，如果没有政府权威，企业之间的“自愿协议”只能产生极小的效果。[④] 为了克服现实中出现的治理失灵的情况，鲍勃·杰索普（Bob Jessop）提出了“元治理”（Meta-governance）的概念，即“治理的治理”。元治理理论是在治理理论基础上的进一步修正和发展。治理理论认为多元主体均可成为治理的主体和权力中心，而元治理理论则强调

① 陈家刚主编《全球治理：概念与理论》，中央编译出版社，2017，第 53 页。

② 陈家刚主编《全球治理：概念与理论》，中央编译出版社，2017，序言。

③ 田凯：《治理理论中的政府作用研究：基于国外文献的分析》，《中国行政管理》2016 年第 12 期，第 119 页。

④ Norah A. MacKendrick, “The Role of the State in Voluntary Environmental Reform: A Case Study of Public Land”，转引自袁倩《多层级气候治理：现状与障碍》，《经济社会体制比较》2018 年第 5 期，第 176 页。

政府在治理过程中的地位和重要性以最大限度地应对多元主体参与治理的无序状态。[①] 由此可见，元治理理论超越了“从统治到治理”中针对政府的角色所产生没有意义的两极化争论。[②] 需要注意的是，元治理理论并不是所谓“国家中心论”的回归，政府也不一定仅仅是指中央政府。2008 年国际金融危机之后，政府在全球治理中的作用被凸显出来。实践证明，政府角色的式微会导致政府成为资本势力和金融市场的附庸。真正的全球治理当然不是任何形式的全球统治下的世界秩序，而应该是全球民主下的“有政府的治理”。[③] 虽然在全球化时代，政府的权力在发生变化，部分权力转移给超国家的国际组织，部分职能由非政府组织承担，但是，政府在解决冲突和分配资源方面具有相对优势，有能力解决更为困难的问题，并且在确立目标、协调、掌舵和问责方面仍然具有主导地位，没有任何其他行为体能够替代政府在公共治理中所起到的作用。[④] 美国普林斯顿大学政治学和国际事务教授安妮 - 玛丽 · 斯劳特（Anne - Marie Slaughter）认为，我们不需要中央集权下的全球规则，但是需要能够通过各种政治机制承担责任的政府行为体所制定的全球规则。[⑤] 总而言之，政府行为体仍然在全球治理中扮演着关键角色。在全球治理中，政府面临的问题不是其作用是否相对弱化，而是如何转变职能推动多元行为体之间的协调与合作。

全球治理研究应注意国家和非国家行为体之间并没有绝对界限。

---

① 李睿莹、张希：《元治理视角下地方政府社会治理主体结构及多元主体角色定位研究》，《领导科学》2019 年第 4 期，第 32 页。

② Jonna Gjaltema et al. , “From Government to Governance…to Meta - governance: A Systematic Literature Review”, *Public Management Review*, Vol. 22, No. 12, 2019, p. 1.

③ 庞中英：《“全球政府”：一种根本而有效的全球治理手段?》，《国际观察》2011 年第 6 期，第 16 页。

④ 田凯：《治理理论中的政府作用研究：基于国外文献的分析》，《中国行政管理》2016 年第 12 期，第 119 ~ 122 页。

⑤ Anne - Marie Slaughter, *A New World Order*, Princeton and Oxford: Princeton University Press, 2004, p. 10.

国家行为体和非国家行为体之间的划分和界限不应是预先设定的。在全球治理中，多元的行为体及其实施的治理活动是在治理的过程中不断产生和演化的。[①] 国家行为体和非国家行为体之间的两分法具有还原性，其中包含着单一国家（拒绝解释国家内部的特征，视其为单一完整的行为者）的假说。但是，在全球治理中兴起的所谓非国家行为体，与国家之间是具有高度重叠性和交叉性的。特别是随着城市作为次国家行为体在全球治理中发挥日益重要的作用，全球治理中的国家单一说明显地受到冲击。城市通过结成跨国城市网络和建立公私伙伴关系的方式实施治理，说明了城市已经跨越了国家/非国家、公共/私人权力之间的界限，这意味着传统的行为体划分方式在全球治理研究中已经显得过于简化、粗糙且不合时宜。此外，国家和非国家行为体之间的二分法导致了一种隐含的假设，即前者关注的是“公共”领域，而后者则在社会生活的“私人”领域内运作，并且每一个领域都拥有不同形式的权威和合法性。这种对公私领域的划分往往会导向这样一种结论，即非国家行为体在全球治理中的兴起必然会导致国家的式微。但是公私伙伴关系在全球治理中的兴起反映出，在全球治理的实践中，不同的行为体之间基于自身的立场、诉求、利益和能力，在分化后又可以再次深度互动、相互交叠，在达成共识和走向联合的过程中，行为体之间的边界得以跨越、重塑，抑或维护。因此，行为体的自我身份定位和行为取向往往是动态的也是具体的，更多的是在治理过程中通过互动建构而成的一种结果。因此，全球不同行为体之间的区别与联系放在治理过程中去考察才具有意义。全球治理研究应该警惕国家行为体和非国家行为体之间两分法所带来的弊端，并摆脱关于私人权威是否正在取

---

① Harriet Bulkeley and Heike Schroeder, “Beyond State/non - state Divides: Global Cities and the Governing of Climate Change”, *European Journal of International Relations*, Vol. 18, No. 4, 2011, p. 743.

代公共权威的老生常谈，将关注的重点放在如何实施治理上面。[①]

三　对中国的政策启示

跨国城市网络，尤其是跨国城市气候网络的出现，使得城市间关系成了全球研究的一项新议程。跨国城市气候网络凸显了城市在全球气候治理中的作用、优势和潜力，也代表着一种城市治理气候变化的新形式。城市是世界的实验室，因此是一个不确定时代的隐喻。从气候变化到贫困和不平等，城市既产生问题也能提供解决方案。[②] 未来在治理中占主导地位的是城市。[③] 关于城市的研究能够带来广泛的启示。可以预期，今后城市在众多全球治理的议题领域中都将发挥自身独特和重要的作用。

跨国城市气候网络的不断发展也使得城市间关系成了市政考量中的一项新内容。随着全球性和地区性的跨国城市气候网络的数量越来越多，城市似乎到了做出选择的时刻，去思考是否应该加入跨国城市气候网络以及应选择加入哪个或哪些跨国城市气候网络的问题。城市还需要明确其自身在各个网络中所具有的战略诉求和所应遵循的行为方式。要回答好这些问题，一方面需要区分不同跨国城市气候网络的核心政策和组织特征，另一方面需要遵循每一个城市自身的发展规律，根据当地的特殊情况加以具体分析。[④] 而对于跨国城市气候网络的政策研究和行为选择对于城市加入其他议题下的跨国城市网络也可以提供经验和借鉴。

---

① Harriet Bulkeley and Heike Schroeder, "Beyond State/non - state Sivides: Global Cities and the Governing of Climate Change", *European Journal of International Relations*, Vol. 18, No. 4, 2011, pp. 746 - 751

② Parag Khanna, "Beyond City Limits", https://foreignpolicy.com/2010/08/06/beyond - city - limits/.

③ 世界环境与发展委员会：《我们共同的未来》，王之佳、柯金良等译，吉林人民出版社，1997，第332页。

④ 世界环境与发展委员会：《我们共同的未来》，王之佳、柯金良等译，吉林人民出版社，1997，第322~323页。

当前中国城市在跨国城市气候网络中已经有较为广泛的参与。C40 在中国已有 13 个城市成员，分别是北京、上海、广州、深圳、香港、武汉、南京、大连、成都、青岛、福州、杭州和镇江。其中，北京和上海是被邀请加入的，当前是观察员城市；南京和香港是指导委员会成员；镇江属于创新城市。ICLEI'S CCP 仅有中国的沈阳市加入。而 ICLEI 的中国成员包括：贵阳市、沈阳市、中德工业服务区（广东佛山）、裕华区（河北石家庄）、光明新区（广东深圳）。GCoM 的中国成员包括香港和台北。其中 ICLEI 和 C40 都在北京设立了代表处或办公室。

对于中国城市而言，参与跨国城市气候网络可以带来诸多收益。当前，中国政府面临的挑战是，解决并把握气候变化带来的风险与机遇，同时还要实现长期经济社会发展目标。而只有强有力的地方政府才能确保在地方城市发展规划中反映出地区的要求、习惯、城市风格等环境条件。[①] 此外，在庞大的中国，气候变化的地区影响千差万别，适应工作将更加凸显地方政府管理能力的重要性。[②] 加入跨国城市气候网络可以使城市在可持续发展的框架下通过吸收相应的信息、知识、技术和经验，提升中国地方政府应对气候威胁的能力。通过在网络中采取积极的气候行动，城市还可以呼应既有的地方环境政策，提升国际交往能力，塑造良好的城市形象甚至彰显其国际领导地位。[③]

当前中国城市在跨国城市气候网络中的行动力仍有待进一步提升。中国国内在地方层面已经采取了大量的气候行动，比如，中国达峰先锋城市联盟的宗旨就是赶在国家目标之前达到城市的排放峰

---

① 世界环境与发展委员会：《我们共同的未来》，王之佳、柯金良等译，吉林人民出版社，1997，第 322～324 页。

② 梁丽：《气候适应：一道中国式难题》，中外对话网站，https://chinadialogue.net/zh/3/43488/。

③ 托马斯·霍尔：《城市、企业和投资：中国气候领导力的新源泉》，中外对话网站，https://chinadialogue.net/zh/3/43597/。

值。此外，中国相继开展了"低碳城市"和"海绵城市"的试点工作。中央政府的政策支持为城市发挥其在气候治理中的作用奠定了基础，但这些气候行动与跨国城市气候网络的相关度仍然较小，且更多地遵循了"自上而下"的路径。①

鉴于中国的城市在参与跨国城市气候网络时可能会产生一些顾虑，中央政府应引导中国城市积极主动适应城市参与全球气候治理的这一整体趋势，鼓励城市积极参与到网络组织机构发展和标准规则制定中去，这同时也可以帮助缓解跨国城市气候网络成员的南北分化现象。通过帮助本国城市在网络中发挥更大作用，还有益于形成地方政府与中央政府相互协作与配合的局面。中央政府还应赋予网络中的城市成员更大的自主性，帮助其完善能力建设并提供相应的制度和财政支持，尤其是对于当前中国地方政府在气候政策实施中存在的数据统计、报告和核实能力不足的情况，应抓紧时间投入财政和人力资源进行妥善的解决。②

四　研究困难与不足

第一，全球地方化作为一种思潮，其本身的理论化程度较低。因笔者学术能力有限，将全球地方化引入全球治理研究面临较大的难度，因此可能存在对全球地方化思想内涵的挖掘不够充分和深入的问题，相应的理论建构也存在很大的改进空间，希望本书可以做一些相关铺垫，继而发挥抛砖引玉的作用。

第二，本书主要对全球性跨国城市气候网络展开研究，未能将地区性和国家性的跨国城市气候网络涵盖在研究当中。但应指出的是，欧洲的跨国城市气候网络发展相对成熟，其对于全球性跨国城

① 托马斯·霍尔：《城市、企业和投资：中国气候领导力的新源泉》，中外对话网站，https://chinadialogue.net/zh/3/43597/。

② 薄燕、高翔：《中国与全球气候治理机制的变迁》，上海人民出版社，2017，第220页。

市气候网络的发展具有示范作用和未来意义。而美国国内的城市气候网络在平衡美国政府在全球气候治理中的政策倒退中也有突出表现。它们在全球地方主义治理中的作用也不可小觑。

第三，全球地方主义治理是一个复杂的治理系统，除了跨国城市气候网络之外，还需要各个治理层次中的各种行为体的广泛参与和共同协作，其中各种力量和因素之间的相互作用，共同决定着全球地方主义治理的效果。此外，跨国城市气候网络与其他行为体之间互动所可能产生的负面影响因篇幅限制未能在本书中得到讨论。但这一问题关系到全球地方主义治理的整体成效，因此是一个需要在实践中不断予以关注并进行持续学术探索的问题。

参考文献

一　中文参考文献

（一）著作（含译著）

〔美〕奥兰·扬：《直面环境挑战：治理的作用》，赵小凡、邬亮译，经济科学出版社，2014。

薄燕、高翔：《中国与全球气候治理机制的变迁》，上海人民出版社，2017。

陈家刚主编《全球治理：概念与理论》，中央编译出版社，2017。

陈志敏：《次国家政府与对外事务》，长征出版社，2001。

陈新强、郑国光等编著《可持续发展中的若干气候问题》，气象出版社，2002。

冯刚：《城市管理公众参与研究》，光明日报出版社，2012。

〔西〕若尔迪·博尔哈、〔美〕曼纽尔·卡斯泰尔等：《本土化与全球化信息时代的城市管理》，姜杰、胡艳蕾、魏述杰译，北京大学出版社，2008。

〔加〕杰布·布鲁格曼：《城变：城市如何改变世界》，董云峰译，中国人民大学出版社，2011。

〔美〕罗兰·罗伯森：《全球化：社会理论和全球文化》，梁光严译，上海人民出版社，2000。

〔美〕詹姆斯·N. 罗西瑙主编《没有政府的治理》，张胜军、刘小林等译，江西人民出版社，2001。
刘鸣主编《21 世纪的全球治理：制度变迁和战略选择》，社会科学文献出版社，2016。
刘波、李娜、彭瑾、王力立编著《地方政府治理》，清华大学出版社，2015。
〔美〕玛莎·芬尼莫尔：《国际社会中的国家利益》，袁正清译，上海人民出版社，2012。
潘忠岐：《国际政治学理论解析》，上海人民出版社，2015。
〔美〕乔治·瑞泽尔：《汉堡统治世界?！社会的麦当劳化》，姚伟等译，中国人民大学出版社，2013。
俞可平主编《全球化：全球治理》，社会科学文献出版社，2003。
宗计川：《低碳战略：世界与中国》，科学出版社，2013。
邹骥等：《论全球气候治理——构建人类发展路径创新的国际体制》，中国计划出版社，2015。
曾春满：《全球在地化与地方治理发展模式：浙江台州个案研究》，台湾致知学术出版社，2013。
曾文革等：《应对全球气候变化能力建设法制保障研究》，重庆大学出版社，2012。

（二）期刊文章

〔美〕埃莉诺·奥斯特洛姆：《应对气候变化问题的多中心治理体制》，谢来辉译，《国外理论动态》2013 年第 2 期。
毕海东、钮维敢：《全球治理转型与中国责任》，《世界经济与政治论坛》2016 年第 4 期。
蔡拓：《全球治理与国家治理：当代中国两大战略考量》，《中国社会科学》2016 年第 6 期。
陈志敏：《全球多层治理中地方政府与国际组织的相互关系研究》，《国际观察》2008 年第 6 期。

陈志敏：《国家治理、全球治理与世界秩序建构》，《中国社会科学》2016年第6期。

成伯清：《全球化与现代性的关系之辨——从地方性的角度看》，《浙江学刊》2005年第2期。

陈重成：《全球化语境下的本土化论述形式：建构多元地方感的彩虹文化》，台湾《远景基金会季刊》2010年第4期。

陈家刚：《全球治理：发展脉络与基本逻辑》，《国外理论动态》2017年第1期。

曹德军：《嵌入式治理：欧盟气候公共产品供给的跨层次分析》，《国际政治研究》2015年第3期。

范逢春：《全球治理、国家治理与地方治理：三重视野的互动、耦合与前瞻》，《上海行政学院学报》2014年第4期。

樊星、江思羽、李俊峰：《全球气候治理中的利益攸关方》，《中国能源》2017年第10期。

高秉雄、张江涛：《公共治理：理论缘起与模式变迁》，《社会主义研究》2010年第6期。

高奇琦：《社群世界主义：全球治理与国家治理互动的分析框架》，《世界经济与政治》2016年第11期。

高奇琦：《试论全球治理的国家自理机制》，《学习与探索》2014年第10期。

高轩、神克洋：《埃莉诺·奥斯特罗姆自主治理理论述评》，《中国矿业大学学报》（社会科学版）2009年第2期。

高程：《从规则视角看美国重构国际秩序的战略调整》，《世界经济与政治》2013年第12期。

何斌、郑弘、李思莹、魏新：《情境管理：从全球本土到跨文化本土》，《华东经济管理》2012年第7期。

韩檕埔：《对全球化下全球治理的批判性反思——关于〈治理全球化：权力、权威与全球治理〉的书评》，《现代商贸工业》2017

年第25期。

韩柯子、王红帅:《气候治理中的跨国城市网络:特点、作用、实践》,《经济体制改革》2019年第1期。

宦震丹、王艳平:《地方感与地方性的异同及其相互转化》,《旅游研究》2015年第2期。

黄文炜、袁振杰:《地方、地方性与城中村改造的社会文化考察——以猎德村为例》,《人文地理》2015年第3期。

康晓、许丹:《绝对收益与相对收益视角下的气候变化全球治理》,《外交评论》2011年第1期。

郝亮、陈劭锋、刘扬:《新时期我国可持续发展的治理机制研究》,《科技促进发展》2018年第Z1期。

孔凡伟:《全球治理中的联合国》,《新视野》2007年第4期。

刘小林:《全球治理理论的价值观研究》,《世界经济与政治论坛》2007年第3期。

刘贞晔:《全球治理与国家治理的互动:思想渊源与现实反思》,《中国社会科学》2016年第6期。

刘雪莲、江长新:《次国家政府参与国际合作的特点与方式》,《社会科学战线》2010年第10期。

刘慧:《国际关系的网络分析研究简评》,《国际观察》2010年第6期。

刘慧:《弹性治理:全球治理的新议程》,《国外社会科学》2017年第5期。

刘文秀、汪曙申:《欧洲联盟多层治理的理论与实践》,《中国人民大学学报》2005年第4期。

李昕蕾、任向荣:《全球气候治理中的跨国城市气候网络——以C40为例》,《社会科学》2011年第6期。

李昕蕾、宋天阳:《跨国城市网络的实验主义治理研究——以欧洲跨国城市网络中的气候治理为例》,《欧洲研究》2014年第6期。

李昕蕾:《跨国城市网络在全球气候治理中的体系反思:"南北分

割”视域下的网络等级性》,《太平洋学报》2015 年第 7 期。
李昕蕾:《跨国城市网络在全球气候治理中的行动逻辑:基于国际公共产品供给“自主治理”的视角》,《国际观察》2015 年第 5 期。
李昕蕾:《治理嵌构:全球气候治理机制复合体的演进逻辑》,《欧洲研究》2018 年第 2 期。
李昕蕾:《美国非国家行为体参与全球气候治理的多维影响力分析》,《太平洋学报》2019 年第 6 期。
李永祥:《西方人类学气候变化研究述评》,《民族研究》2017 年第 5 期。
李晓茜:《浅析全球公民社会在全球治理中的角色——基于对“以国家为中心”全球治理路径的反思》,《法制与社会》2020 年第 20 期。
李睿莹、张希:《元治理视角下地方政府社会治理主体结构及多元主体角色定位研究》,《领导科学》2019 年第 4 期。
李剑:《地方政府创新中的“治理”与“元治理”》,《厦门大学学报》(哲学社会科学版) 2015 年第 3 期。
李波、于水:《参与式治理:一种新的治理模式》,《理论与改革》2016 年第 6 期。
冷炳荣、杨永春、谭一洺:《城市网络研究:由等级到网络》,《国际城市规划》2014 年第 1 期。
罗兆麟:《社会资本、公民社会与治理的发展》,《法制与社会》2007 年第 5 期。
庞中英:《关于中国的全球治理研究》,《现代国际关系》2006 年第 3 期。
庞中英:《“全球政府”:一种根本而有效的全球治理手段?》,《国际观察》2011 年第 6 期。
庞中英:《全球治理研究的未来:比较和反思》,《学术月刊》2020

年第12期。
钱俊希、钱丽芸、朱竑：《“全球的地方感”理论述评与广州案例解读》，《人文地理》2011年第6期。
阮梦君：《西方视角下：全球治理与地方治理的双向需求》，《社科纵横》（新理论版）2008年第1期。
阮梦君：《构建治理新模式：全球治理内化与地方治理外化》，《中国科技信息》2008年第5期。
单波、姜可雨：《“全球本土化”的跨文化悖论及其解决路径》，《新疆师范大学学报》（哲学社会科学版）2013年第1期。
石晨霞：《试析全球治理模式的转型——从国家中心主义治理到多元多层协同治理》，《东北亚论坛》2016年第4期。
孙莉莉、孙远太：《多中心治理：中国农村公共事物的治理之道》，《中国发展》2007年第2期。
宋爽、王帅、傅伯杰等：《社会—生态系统适应性治理研究进展与展望》，《地理学报》2019年第11期。
邵任薇：《中国城市管理中的公众参与》，《现代城市研究》2003年第2期。
〔美〕托马斯·韦斯、〔英〕罗登·威尔金森：《反思全球治理：复杂性、权威、权力和变革》，谢来辉译，《国外理论动态》2015年第10期。
汤伟：《全球治理的新变化：从国际体系向全球体系的过渡》，《国际关系研究》2013年第4期。
汤伟：《发展中国家巨型城市的城市外交——根本动力、理论前提和操作模式》，《国际观察》2017年第1期。
汤伟：《气候机制的复杂化和中国的应对》，《国际展望》2018年第6期。
唐顺英、周尚意、刘丰祥：《地方性形成过程中结构性动力与非结构性动力的关系——以曲阜地方性塑造过程为例》，《地理与地理信息科学》2015年第6期。
田华文:《从政策网络到网络化治理:一组概念辨析》,《北京行政学院学报》2017年第2期。
田凯:《治理理论中的政府作用研究:基于国外文献的分析》,《中国行政管理》2016年第12期。
〔日〕星野昭吉:《全球治理的结构与向度》,《南开学报》(哲学社会科学版)2011年第3期。
王乐夫、刘亚平:《国际公共管理的新趋势:全球治理》,《学术研究》2003年第3期。
王玉明、王沛雯:《跨国城市气候网络参与全球气候治理的路径》,《哈尔滨工业大学学报》(社会科学版)2016年第3期。
王克、夏侯沁蕊:《〈巴黎协定〉后全球气候谈判进展与展望》,《环境经济研究》2017年第4期。
王田、李俊峰:《〈巴黎协定〉后的全球低碳“马拉松”进程》,《国际问题研究》2016年第1期。
王明国:《全球治理机制碎片化与机制融合的前景》,《国际关系研究》2013年第5期。
汪万发、张彦著:《碳中和趋势下城市参与全球气候治理探析》,《全球能源互联网》2022年第1期。
汪万发、李宏涛、于晓龙:《全球气候治理主体共同体化现状、问题与深化路径》,《中国环境管理》2021年第3期。
熊节春、陶学荣:《公共事务管理中政府“元治理”的内涵及其启示》,《江西社会科学》2011年第8期。
徐静:《欧洲联盟多层级治理体系及主要论点》,《世界经济与政治论坛》2008年第5期。
薛澜、俞晗之:《迈向公共管理范式的全球治理——基于“问题—主体—机制”框架的分析》,《中国社会科学》2015年第11期。
薛晓芃:《网络、城市与东亚区域环境治理:以北九州清洁环境倡议为例》，《现代国际关系》2017 年第 6 期。

辛章平、张银太：《低碳经济与低碳城市》，《城市发展研究》2008 年第 4 期。

辛境怡、于水：《主体多元、权力交织与乡村适应性治理》，《求实》2020 年第 2 期。

俞可平：《治理和善治引论》，《马克思主义与现实》1999 年第 5 期。

俞可平：《全球治理引论》，《马克思主义与现实》2002 年第 1 期。

俞可平：《全球治理的趋势及我国的战略选择》，《国外理论动态》2012 年第 10 期。

于宏源、余博闻：《低碳经济背景下的全球气候治理新趋势》，《国际问题研究》2016 年第 5 期。

于宏源：《城市在全球气候治理中的作用》，《国际观察》2017 年第 1 期。

于宏源：《全球气候治理伙伴关系网络与非政府组织的作用》，《太平洋学报》2019 年第 11 期。

袁倩：《多层级气候治理：现状与障碍》，《经济社会体制比较》2018 年第 5 期。

易承志：《治理理论的层次分析》，《行政论坛》2009 年第 6 期。

姚引良、刘波、王少军、祖晓飞、汪应洛：《地方政府网络治理多主体合作效果影响因素研究》，《中国软科学》2010 年第 1 期。

杨扬：《全球治理视角下联合国与非政府组织的关系》，《河南师范大学学报》（哲学社会科学版）2008 年第 1 期。

杨弘任：《何谓在地性?：从地方知识与在地范畴出发》，台湾《思与言》2011 年第 4 期。

尹仑：《藏族对气候变化的认知与应对——云南省德钦县果念行政村的考察》，《思想战线》2011 年第 4 期。

张胜军：《全球深度治理的目标与前景》，《世界经济与政治》2013 年第 4 期。

张丽华、韩德睿：《城市介入全球气候治理的内外动因分析——全球城市的视角》，《社会科学战线》2019年第7期。

张继亮：《治理的“立体化”面相：多层级治理的概念、模式及争议》，《行政论坛》2017年第3期。

张鹏：《层层分析方法：演进、不足与启示——一种基于欧盟多层治理的反思》，《欧洲研究》2011年第5期。

张永香、黄磊、袁佳双：《联合国气候变化框架公约下发展中国家的能力建设谈判回顾》，《气候变化研究进展》2017年第3期。

张永香：《巴黎能力建设委员会助力全球气候治理》，《气候变化研究进展》2021年第3期。

张克中：《公共治理之道：埃莉诺·奥斯特罗姆理论述评》，《政治学研究》2009年第6期。

张中祥、张钟毓：《全球气候治理体系演进及新旧体系的特征差异比较研究》，《国外社会科学》2021年第5期。

张恩、高鹏程：《城市治理中的多中心治理与整体性治理理论——以中国超大城市人口治理论争为例》，《国家治理现代化研究》2020年第1期。

朱天祥：《多层全球治理：地区间与次国家层次的意义》，《国际关系研究》2014年第1期。

周利敏：《“全球地域化”思想及对区域发展的意义》，《人文地理》2011年第1期。

庄贵阳、周伟铎：《非国家行为体参与和全球气候治理体系转型——城市与城市网络的角色》，《外交评论》2016年第3期。

赵可金：《全球治理知识体系的危机与重建》，《社会科学战线》2021年第12期。

赵可金、陈维：《城市外交：探寻全球都市的外交角色》，《外交评论》2013年第6期。

邹骥：《气候变化领域技术开发与转让国际机制创新》，《环境保护》

2008 年第 9 期。

郑杭生、奂平清:《社会资本概念的意义及研究中存在的问题》,《学术界》2003 年第 6 期。

二 英文参考文献

(一) 著作

Andrew Jordan, Dave Huitema, Harro van Asseltand Johanna Forster, eds., *Governing Climate Change: Polycentricity in Action?* London and New York: Cambridge University Press, 2019.

Arthur P. J. Mol, *Environmental Reform in the Information Age: The Contours of Informational Governance*, Cambridge: Cambridge University Press, 2008.

Anne-Marie Slaughter, *A New World Order*, Princeton and Oxford: Princeton University Press, 2004.

Benjamin R. Barber, *If Mayors Ruled the World: Dysfunctional Nations, Rising Cities*, New Haven & London: Yale University Press, 2013.

Craig Johnson, Noah Toly and Heike Schroeder, eds., *The Urban Climate Challenge: Rethinking the Role of Cities in the Global Climate Regime*, London and New York: Routledge, 2015.

Elizabeth Rapoport, Michele Acuto and Leonora Grcheva, *Leading Cities: A Global Review of City Leadership*, London: UCL Press, 2019.

Gili S. Drori, Markus A. Höllererand Peter Walgenbach, eds., *Global Themes and Local Variations in Organization and Management: Perspectives on Glocalization*, New York: Routledge, 2013.

Harriet Bulkeleyand Michele M. Betsill, *Cities and Climate Change Urban Sustainability and Global Environment Governance*, London and New York: Routledge, 2003.

Harriet Bulkeleyand Peter John Newell, *Governing Climate Change*, London and New York: Routledge, 2010.

Jeroen van der Heijden, Harriet Bulkeleyand Chiara Certomà, eds., *Urban Climate Politics: Agency and Empowerment*, Cambridge: Cambridge University Press, 2019.

Jordi Borjaand Manuel Castells, *Local and Global: The Management of Cities in the Information Age*, London and New York: Routledge, 1997.

James N. Rosenau and Ernst – Otto Czempiel, eds., *Governance without Government: Order and Change in World Politics*, Cambridge: Cambridge University Press, 1992.

Matthew J. Hoffmann, *Climate Governance at the Crossroads: Experimenting with a Global Response after Kyoto*, New York: Oxford University Press, 2011.

Michael Zürn, *A Theory of Global Governance: Authority, Legitimacy, and Contestation*, Oxford: Oxford University Press, 2018.

Martin Hewson and Timothy J. Sinclair, eds., *Approaches to Global Governance Theory*, Albany: State University of New York Press, 1999.

Mike Featherstone, Scott Lash and Roland Robertson, eds., *Global Modernities*, London: Sage, 1995.

Maryke van Stadenand Francesco Musco, eds., *Local Governments and Climate Change: Sustainable Energy Planning and Implementation in Small and Medium Sized Communities*, Dordrecht: Springer, 2010.

Neal R. Peirce and Curtis W. Johnson, *Century of the City: No Time to Lose*, New York: Rockefeller Foundation, 2009.

Oran R. Young, *The Institutional Dimensions of Environmental Change: Fit, Interplay, and Scale*, Cambridge: The MIT Press, 2002.

Oran R. Young, *International Governance: Protecting the Environment in a Stateless Society*, Ithaca and London: Connell University Press, 1994.

Olivier Charnoz, Virginie Diaz Pedregal and Alan L. Kolata, *Local Politics, Global Impacts: Steps to a Multi-disciplinary Analysis of Scales*, London and New York: Routledge, 2016.

Roland Robertson, *Globalization: Social Theory and Global Culture*, London: Sage, 1992.

Ronald D. Brunner and Amanda H. Lynch, *Adaptive Governance and Climate Change*, Boston: American Meteorological Society, 2010.

Sofie Bouteligier, *Cities, Networks, and Global Environmental Governance: Spaces of Innovation, Places of Leadership*, London and New York: Routledge, 2012.

Stephen Goldsmithand William D. Eggers, *Governing by Network: The New Shape of the Public Sector*, Washington, D. C.: Brookings Institution Press, 2004.

Timothy Cadman, ed., *Climate Change and Global Policy Regimes: Towards Institutional Legitimacy*, London: Palgrave Macmillan, 2013.

Taedong Lee, *Global Cities and Climate Change: The Translocal Relations of Environmental Governance*, New York: Routledge, 2015.

Tommy Linstrothand Ryan Bell, *Local Action: The New Paradigm in Climate Change Policy*, Burlington: University of Vermont Press, 2007.

Grahame F. Thompson, *Between Hierarchies and Markets: The Logic and Limits of Network Forms of Organization*, New York: Oxford University Press, 2003.

Victor Roudometof, *Glocalization: A Critical Introduction*, London and New York: Routledge, 2016.

（二）期刊文章

Benjamin J. Deangelo and L. D. Danny Harvey, "The Jurisdictional Framework for Municipal Action to Reduce Greenhouse Gas Emissions: Case Studies from Canada, the USA and Germany", *Local Environment*, Vol. 3, No. 2, 1998.

Carolyn Kouskyand Stephen H. Schneider, "Global Climate Policy: Will Cities Lead the Way?" *Climate Policy*, Vol. 3, No. 4, 2003.

Chukwumerije Okereke, Harriet Bulkeley and Heike Schroeder, "Conceptualising Climate Governance beyond the International Regime", *Global Environmental Politics*, Vol. 9, No. 1, 2009.

Corina McKendry, "Cities and the Challenge of Multiscalar Climate Justice: Climate Governance and Social Equity in Chicago, Birmingham, and Vancouver", *Local Environment*, Vol. 21, No. 11, 2015.

David J. Gordon, "Between Local Innovation and Global Impact: Cities, Networks, and the Governance of Climate Change", *Canadian Foreign Policy Journal*, Vol. 19, No. 3, 2013.

Dan Koon-hong Chan, "City Diplomacy and 'Glocal' Governance: Revitalizing Cosmopolitan Democracy", *Innovation: The European Journal of Social Science Research*, Vol. 29, No. 2, 2016.

Elinor Ostrom, "A Multi – Scale Approach to Coping with Climate Change and Other Collective Action Problems", *Solutions*, Vol. 1, 2010.

Elinor Ostrom, "Polycentric Systems for Coping with Collective Action and Global Environmental Change", *Global Environmental Change*, Vol. 20, No. 4, 2010.

Eva Lövbranda, Mattias Hjerpeb and Björn-Ola Linnér, "Making Climate Governance Global: How UN Climate Summitry Comes to Matter in a Complex Climate Regime", *Environmental Politics*, Vol. 26, No. 4,

2017.

Emilie M. Hafner – Burton, Miles Kahler and Alexander H. Montgomery, "Network Analysis for International Relations", *International Organization*, Vol. 63, No. 3, 2009.

Eva Sørensen and Jacob Torfing, "The Democratic Anchorage of Governance Networks", *Scandinavian Political Studies*, Vol. 28, No. 3, 2005.

Gard Lindseth, "The Cities for Climate Protection Campaign (CCPC) and the Framing of Local Climate Policy", *Local Environment: The International Journal of Justice and Sustainability*, Vol. 9, No. 4, 2004.

Harriet Bulkeley and Michele M. Betsill, "Revisiting the Urban Politics of Climate Change", *Environmental Politics*, Vol. 22, No. 1, 2013.

Harriet Bulkeley and Heike Schroeder, "BeyondState/non-state Divides: Global Cities and the Governing of Climate Change", *European Journal of International Relations*, Vol. 18, No. 4, 2011.

Hari M. Osofsky, "Multiscalar Governance and Climate Change: Reflections on the Role of States and Cities at Copenhagen", *Maryland Journal of International Law*, Vol. 25, No. 1, 2010.

Hayley Leck and David Simon, "Fostering Multiscalar Collaboration and Co – operation for Effective Governance of Climate Change Adaptation", *Urban Studies*, Vol. 50, No. 6, 2012.

Hongtao Yi, Rachel M. Krause and Richard C. Feiock, "Back – pedaling or Continuing Quietly? Assessing the Impact of ICLEI Membership Termination on Cities' Sustainability Actions", *Environmental Politics*, Vol. 26, No. 1, 2016.

James N. Rosenau, "Governance in the Twenty – first Century", *Global Governance*, Vol. 1, No. 1, 1995.

Jennifer S. Bansard, Philipp H. Pattberg and Oscar Widerberg, "Cities to the Rescue? Assessing the Performance of Transnational Municipal Networks in Global Climate Governance", *International Environmental Agreements: Politics, Law and Economics*, Vol. 17, 2016.

Joyeeta Gupta, Kim Van Der Leeuw and Hans De Moel, "Climate Change: A 'Glocal' Problem Requiring 'Glocal' Action", *Journal of Integrative Environmental Sciences*, Vol. 4, No. 3, 2007.

Jonna Gjaltema, Robbert Biesbroekand Katrien Termeer, "From Government to Governance…to Meta-governance: A Systematic Literature Review", *Public Management Review*, Vol. 22, No. 12, 2019.

Karin Bäckstrand, Jonathan W. Kuyper, Björn-Ola Linnér and Eva Lövbrand, "Non-state Actors in Global Climate Governance: From Copenhagen to Paris and Beyond", *Environmental Politics*, Vol. 26, No. 4, 2017.

Kristine Kernand Harriet Bulkeley, "Cities, Europeanization and Multi-level Governance: Governing Climate Change through Transnational Municipal Networks", *Journal of Common Market Studies*, Vol. 47, No. 2, 2009.

Kenneth W. Abbott, "Strengthening the Transnational Regime Complex for Climate Change", *Transnational Environmental Law*, Vol. 3, No. 4, 2013.

Kenneth W. Abbott and Benjamin Faude, "Hybrid Institutional Complexes in Global Governance", *The Review of International Organizations*, 2021.

Laura Scherera, Paul Behrens, Arjan de Koning, Reinout Heijungs, Benjamin Sprecher and Arnold Tukker, "Trade-offs between Social and Environmental Sustainable Development Goals", *Environmental Science and Policy*, Vol. 90, 2018.

Liliana B. Andonova, Thomas N. Hale and Charles B. Roger, "National

Policy and Transnational Governance of Climate Change: Substitutes or Complements?" *International Studies Quarterly*, Vol. 61, No. 2, 2017.

Michele M. Betsill, "Mitigating Climate Change in US Cities: Opportunities and Obstacles", *Local Environment*, Vol. 6, No. 4, 2001.

Michele M. Betsill and Harriet Bulkeley, "Transnational Networks and Global Environmental Governance: The Cities for Climate Protection Program", *International Studies Quarterly*, Vol. 48, No. 2, 2004.

Michele Betsill et al., "Building Productive Links between the UNFCCC and the Broader Climate Governance Landscape", *Global Environmental Politics*, Vol. 15, No. 2, 2015.

Michele Acuto, "City Leadership in Global Governance", *Global Governance*, Vol. 19, No. 3, 2013.

Martin Parry, "Climate Change is a Development Issue, and Only Sustainable Development Can Confront the Challenge", *Climate and Development*, Vol. 1, No. 1, 2009.

Marco Keiner and Arley Kim, "Transnational City Networks for Sustainability", *European Planning Studies*, Vol. 15, No. 10, 2007.

Milja Heikkinen, Aasa Karimo, Johannes Klein, Sirkku Juhola and Tuomas Yla – Anttila, "Transnational Municipal Networks and Climate Change Adaptation: A Study of 377 Cities", *Journal of Cleaner Production*, Vol. 257, No. 120474, 2020.

Noah Toly, "Transnational Municipal Network in Climate Politics: From Global Governance to Global Politics", *Globalizations*, Vol. 5, No. 3, 2008.

Noreen Beg et al., "Linkages between Climate Change and Sustainable Development", *Climate Policy*, Vol. 2, No. 2 – 3, 2002.

Naghmeh Nasiritousi, Mattias Hjerpe and Björn-Ola Linnér, "The Roles of

Non-state Actors in Climate Change Governance: Understanding Agency through Governance Profiles", *International Environmental Agreements: Politics, Law and Economics*, Vol. 16, No. 1, 2006.

Nicola Tollin, "The Role of Cities and Local Authorities Following COP21 and the Paris Agreement", *Sustainable*, Vol. 16, No. 1, 2015.

Philipp Pattberg and Johannes Stripple, "Beyond the Public and Private Divide: Remapping Transnational Climate Governance in the 21st Century", *International Environmental Agreements: Politics, Law and Economics*, Vol. 8, No. 4, 2008.

Rachel M. Krause, "An Assessment of the Impact that Participation in Local Climate Networks has on Cities' Implementation of Climate, Energy, and Transportation Policies", *Review of Policy Research*, Vol. 29, No. 5, 2012.

Rachel M. Krause, "The Motivations Behind Municipal Climate Engagement: An Empirical Assessment of How Local Objectives Shape the Production of a Public Good", *Climate Change and City Hall*, Vol. 15, No. 1, 2013.

Raffaele Marchetti, "The Role of Civil Society in Global Governance", Report on the Joint Seminar Organised by the EUISS, the European Commission / DG Research, and UNU - CRIS, Brussels, 1 October 2010.

Robert Falkner: "The Paris Agreement and the New Logic of International Climate Politics", *International Affairs*, Vol. 92, No. 5, 2016.

Robert O. Keohaneand David G. Victor, "The Regime Complex for Climate Change", *Perspectives on Politics*, Vol. 9, No. 1, 2011.

Steffen Bauer, "It's About Development, Stupid! International Climate Policy in a Changing World", *Global Environmental Politics*, Vol. 12, No. 2, 2012.

Sander Chan, Clara Brandi and Steffen Bauer, "Aligning Transnational Climate Action with International Climate Governance: The Road from Paris", *Review of European, Comparative & International Environmental Law*, Vol. 25, No. 2, 2016.

Sander Chan et al., "Reinvigorating International Climate Policy: A Comprehensive Framework for Effective Nonstate Action", *Global Policy*, Vol. 6, No. 4, 2015.

Shane Ewen and Michael Hebbert, "European Cities in a Networked World During the Long Twentieth Century", *Environment and Planning C: Government and Policy*, Vol. 25, 2007.

Steve Rayner, "How to Eat an Elephant: a Bottom - up Approach to Climate Policy", *Climate Policy*, Vol. 10, No. 6, 2010.

Sofie Bouteligier, "Does Networked Globalization Need Networked Governance? An Inquiry into the Applicability of the Network Metaphor to Global Environmental Governance", Paper Presented at the 50th annual Convention of the International Studies Association, February 2009.

Tyler Pratt, "Deference and Hierarchy in International Regime Complexes", *International Organization*, Vol. 72, No. 3, 2018.

Victor Roudometof, "The Glocal and Global Studies", *Globalizations*, Vol. 12, No. 5, 2015.

Victor Roudometof, "Mapping the Glocal Turn: Literature Streams, Scholarship Clusters and Debates", *Glocalism: Journal of Culture, Politics and Innovation*, Vol. 3, No. 1, 2015.

Victor Roudometof, "Theorizing Glocalization: Three Interpretations", *European Journal of Social Theory*, Vol. 19, No. 3, 2015.

Victor Roudometof, "Recovering the Local: From Glocalization to Localization", *Current Sociology*, Vol. 67, No. 2, 2018.

Wolfgang Haupt and Alessandro Coppola, "Climate Governance in Transnational Municipal Networks: Advancing a Potential Agenda for Analysis and Typology", *International Journal of Urban Sustainable Development*, Vol. 11, No. 2, 2019.

三 网络资料

ICLEI 官方网站：https://iclei.org/en/Home.html。

ICLEI 东亚秘书处网站：http://eastasia.iclei.org/cn/about.html。

C40 官方网站：https://www.c40.org/networks。

GCoM 官方网站：https://www.globalcovenantofmayors.org/。

气候联盟官方网站：https://www.climatealliance.org/home.html。

CityNet 官方网站：https://citynet-ap.org/。

联合国网站：https://www.un.org/zh/。

联合国新闻网：https://news.un.org/zh/。

IPCC 网站：https://www.ipcc.ch/。

联合国开发计划署网站：https://www.un.org/zh/aboutun/structure/undp/。

中外对话网站：https://chinadialogue.net/zh/。

后记

全球气候治理需要全球行动，而不同的治理主体都可以在其中发挥自身独有的治理优势。跨国城市气候网络的建立使得城市有效地参与到全球气候治理中来。城市仅仅是一块十分有限的地域，在我初涉这一领域时，以为这是一个贴近生活而又相对容易的研究领域。但是，随着对城市这一主题研究的日渐深入，我慢慢发现这是一个庞大而复杂的议程，研究城市所涉及的社会学、人文地理学、城市学和传播学以及公共管理学等领域的相关内容，在使我的眼界逐步放大的同时，也深深感觉自己知识储备的不足与认知能力的有限，这使得本书只能浅尝辄止，深入不足。这也同时提醒我，围绕城市展开的各项研究具有重要的理论价值和实践意义，但是必须要有广泛的跨学科知识和持之以恒的钻研精神才能推进下去。

感谢社会科学文献出版社对该选题的肯定和对该书稿的审校工作使该书得以顺利出版。感谢东北电力大学博士科研启动基金项目对本书的出版资助。感谢马克思主义学院的领导们对我生活上的关怀和工作中的指导，以及在我写作该书的过程中为我提供的各方面的支持和创造的便利条件。本书是在博士学位论文的基础上写就的，在此特别感谢我的导师卢静教授此前对论文的悉心指导，以及对我学术之路的不断鞭策和鼓励。老师不仅拥有很高的学术成就，并且一直保持着朴实的生活作风，她是我一生学习的榜样。感谢曾经对我的博士学位论文提出宝贵建议的庞中英教授、陈志瑞教授、袁正清教授、赵青海教授、孙吉胜教授、魏玲教授以及各位匿名评审专家的辛勤工作，他们提出的宝贵建议使我明确了博士学位论文的改进方向，这对于提升本书的质量具有重要的作用。老师们严谨治学的风范也总是能够感染着我，让我体会到学术研究是一件十分有意义、有价值和有魅力的工作，值得作为一生的事业孜孜以求。

蒋欣桐

2022 年 7 月 4 日

图书在版编目(CIP)数据

全球地方主义视角下的跨国城市气候网络研究 / 蒋欣桐著. -- 北京 : 社会科学文献出版社, 2022.12
ISBN 978-7-5228-0953-3

Ⅰ. ①全… Ⅱ. ①蒋… Ⅲ. ①城市气候-城市网络-研究-世界 Ⅳ. ①P463.3

中国版本图书馆 CIP 数据核字(2022)第 198460 号

全球地方主义视角下的跨国城市气候网络研究

著　　者 / 蒋欣桐

出 版 人 / 王利民
责任编辑 / 仇　扬
文稿编辑 / 陈　冲
责任印制 / 王京美

出　　版 / 社会科学文献出版社 · 当代世界出版分社 (010) 59367004
地址: 北京市北三环中路甲 29 号院华龙大厦　邮编: 100029
网址: www.ssap.com.cn
发　　行 / 社会科学文献出版社 (010) 59367028
印　　装 / 三河市东方印刷有限公司

规　　格 / 开 本: 787mm × 1092mm 1/16
印 张: 13.75　字 数: 185 千字
版　　次 / 2022 年 12 月第 1 版　2022 年 12 月第 1 次印刷
书　　号 / ISBN 978-7-5228-0953-3
定　　价 / 68.00 元

读者服务电话: 4008918866

版权所有 翻印必究